マリタイムカレッジシリーズ

航海当直ハンドブック

商船高専キャリア教育研究会 編

KAIBUNDO

＜執筆者一覧＞

CHAPTER 1　清田耕司（広島商船高等専門学校・教授，広島丸船長）
加藤　博（弓削商船高等専門学校・准教授，弓削丸船長）
橋本心太郎（元富山高等専門学校・助教，若潮丸一等航海士）
CHAPTER 2　濱地義法（大阪湾水先案内人）
加藤　博
児玉敬一（元弓削商船高等専門学校・教授）
CHAPTER 3　久保田崇（大島商船高等専門学校・教授）
CHAPTER 4　久保田崇
CHAPTER 5　堀　晶彦（元海技大学校・校長，海技大学校・名誉教授）
CHAPTER 6　堀　晶彦

＜編集幹事＞

石田邦光（元弓削商船高等専門学校・校長，鳥羽商船高等専門学校・名誉教授）

＜カバーイラスト＞

前畑航平（大島商船高等専門学校・講師）

※所属は初版発行当時のものです。

まえがき

本書は，船舶職員を目指す学生が，学校の練習船で実習を行う際，または新人航海士として乗船する際などに，実務の手助けとなるように基本的なことを抑えながら，できるだけその場面を想像できるように心掛けて執筆しました。

一連の航海を想定し，その準備から停泊まで，そしていざというときの心構えも含めて，できるだけ写真を多用し，初学者でも理解しやすいように努めました。

船で使われる言葉には，一般の人々には通用しないものも多く，古くからの習慣や言いまわしなどがあります。執筆陣は船の運航に長く携わってきた者たちなので，自分たちが普通に使っている言葉でも，実は一般の人には伝わらないということが多くあります。そうした点についても，できる限り説明を加えたつもりです。

本書は，実習時に活用できることはもちろんですが，実習を思い出して復習し，技能を定着させることにも心掛けました。しかしながら，船の種類による違いや学校・船社などによる違いなど，詳細な点を含めて決して全てを網羅《もうら》できているわけではありません。そうした点については，今後，読者のご意見をお聞きしながら改訂していければ幸いです。

執筆にあたっては，先輩諸氏の多くの著書などを参考にさせていただくとともに，メーカーなどからも数多くの資料提供をいただきました。諸文献の著者及び資料をご提供いただいた皆様に心からお礼申し上げます。

最後に今回の出版企画にご理解とご指導をいただいた海文堂出版編集部に，厚くお礼申し上げます。

編集幹事
石田邦光（元弓削商船高等専門学校）

目　次

CHAPTER 1

出港作業

1.1　スタンディングルールの確認

航海士として乗船し，運航に携《たずさ》わるためには，海上衝突予防法（以下「予防法」という）など（Appendix 1.1 参照）の航海法規や海事関係法規を遵守《じゅんしゅ》することはもちろんのこと，航海当直についての基本ルールを理解しておくことが求められます。この基本ルールは，スタンディングルール（Standing rule，航海当直基準）と呼ばれています。スタンディングルールは，1978 年の船員の訓練及び資格証明並びに当直の基準に関する国際条約（以下, STCW 条約（International Convention on Standards of Training, Certification and Watchkeeping for Seafarers, 1978)）において，航海当直及び機関当直を維持するときに遵守しなければならない基本原則，航海当直を担当する職員の資格証明のための最低の強制要件などとして定められています。我が国では, STCW 条約に基づいて法令などを整備し，航海当直を実施するときに遵守する基本原則として「航海当直基準」が国土交通省告示として定められています。航海当直基準は，①総則，②甲板《こうはん》部における航海当直基準，③機関部における航海当直基準，④甲板部における当直基準，⑤機関部における当直基準からなっています。「航海当直基準」が定められる以前から，我が国においては船社ごとに，例えば「当直職員服務心得」などといった社内内規が使われていたので，結果的にそれらが連携する形となっています。通常，ブリッジ（Bridge，船橋）には，ナイトオーダーブック（Night order book，夜間命令簿）が備えられていることが一般的であり，その巻頭には航海当直実施に際しての規範として，スタンディングルールが掲げられています。

なお，ナイトオーダーブックは，航海中，その時々の気象・海象，航路状況あるいは予定されている変針（針路を変えること）など必要な事項に関し，船長が当直航海士に対しての指示を記述するためのものであり，通常は夜間当直につく前に提示されるので，こう呼ばれています（図 1.1)。スタンディングルールは，社内内規にしたがったものであり，その一例を紹介しておきます。

① 当直航海士は，船長または責任ある航海士に引き継いだ後でなければ船橋を離れてはならない。

② 当直航海士は，常時船舶の航行に関して注意を払い，状況の許す限り船位を確認しなければならない。

③ 視界が制限された状況においては，船位の確認に特に注意しなければならない。

図 1.1　夜間命令簿

④ 当直航海士は自ら厳重な見張りを続けるとともに，見張員（見張りを行う者）に対しても所定の場所における厳重な見張りを励行《れいこう》させなくてはならない。

⑤ 双眼鏡は見張りに際して，昼夜の別なく使用しなければならない。

⑥ 陸岸に接近して航行するとき，内海や狭水道《きょうすいどう》を通過するとき，もしくは視界の悪いときは，特別の注意をもって油断することなく当直にあたらなければならない。

⑦ 当直航海士は当直部員を監視し，船長または水先人（Pilot，パイロット）の命令が正確に実行されるよう注意しなければならない。

⑧ 当直航海士は変針などを行った場合，ジャイロコンパス（Gyro compass）（1.2(1)参照）及びマグネティックコンパス（Magnetic compass）（1.2(1)参照）によるコースを互いに比較し，両コンパスによる新たな針路を掲示板に表示するとともに，それらを船長に報告しなければならない。

⑨ マグネティックコンパスによって保針する場合，自差《じさ》（1.2(1)参照）を無視してはならない。

⑩ 適宜，ジャイロコンパスの誤差を測定しなければならない。

⑪ 当直航海士は緊急の事態に際し，船長の命令を待つ余裕のないときは，法令の定めるところにしたがって信号を発したり，針路を変更したり，機関を停止，または反転するなど必要な処置をとるとともに，直ちに船長に報告しなければならない。

⑫ 当直航海士は，常に操舵《そうだ》について注意を払い，操舵員(手)(舵の操作を行う者)が交代するときは，針路が正確に引き継がれるかどうか確認しなければならない。

⑬　当直航海士は，灯火（Appendix 1.1 参照）が規定どおり表示されているかどうかを自ら確認するとともに，少なくとも 30 分ごとに見張員に灯火の状況を報告させなければならない。

特に，接近してくる船舶がある場合，灯火の表示に注意しなければならない。

⑭　当直航海士は，当直交替時に，針路，速力，船位その他必要な事項及び船長命令を申し継がなければならない。

⑮　当直を終わった航海士は，船内の状況，特に火災に注意を払って船内を巡視しなければならない。

⑯　船内巡視後は，必要な事項を航海日誌（1.5 参照）に注記しなければならない。

★告示

公の機関が決定した事項その他一定の事項を公式に一般に知らせることです。

★針路

船首が向いている方向のことで，通常は操舵用のコンパスが示している方向になります。ただし，船舶は風や潮流，海流の影響を受けるため，実際に進む方向，すなわち「進路」は「針路」とは異なります（Appendix 2.4 参照）。

★内海

半島・岬や島で囲まれ外洋と海峡でつながっている海のことです。

★狭水道

日本の沿岸海域には，地形が複雑で，「海峡」，「瀬戸」，「水道」と呼ばれる大小様々な狭い水道が存在しています。明確な定義はないようですが，可航幅が狭い上に屈曲して見通しが悪く，しかも潮流が速いなど，通航する船舶にとって厳しい条件が重なっているところといえます。

1.2　出港前の確認

出航前の確認では，船員法で定められている「発航前点検」を行います。これには，航海計器・操舵装置・無線設備及び航海に必要となる物品などの点検が求められます。船内では，担当部署ごとに出港用チェックリストなどをもとにして点検を行います。船舶は巨大な構造物なので乗組員が手分けして行います。局部的に見ると，異状を見落とすことがあるので，全体や担当箇所全体を見渡してから個別の確認をするように心掛けます。例えば，周囲（舷《げん》側（船舶の側面））の確認，清水ホースやコード類，灯火類，航海計器，水密の保持などの確認を行い，異状の有無をチェックリストに記入します。

表 1.1 が出港前チェックリスト（Check list for sailing）の例です。それでは，

表 1.1 出港前チェックリスト（例）

出港チェックリスト
CHECK LIST FOR SAILING

Date ____________________ Capt. ____________________

	点検項目	点検内容	
1	ジャイロ，マグネティックコンパス Gyro, Magnetic compass	作動状態を確認したか？（自差曲線が船橋に備え付けられているか。） Has the operating condition been checked ? (Deviation Curve available on board ?)	Yes / No
2	GPS, TT, RADER, AIS, ECDIS	作動状態を確認したか？ Has the operating condition been checked ?	Yes / No
3	操舵装置 Steering system	作動状態を確認したか？ Has the operating condition been checked ?	Yes / No
4	速力計 Speed log	作動状態を確認したか？ Has the operating condition been checked ?	Yes / No
5	音響測深機 Echo sounder	作動状態を確認したか？ Has the operating condition been checked ?	Yes / No
6	コースレコーダー Course recorder	作動状態を確認したか？ Has the operating condition been checked ?	Yes / No
7	汽笛 Air horn	作動状態を確認したか？ Has the operating condition been checked ?	Yes / No
8	主機関，発電機，サイドスラスター M/E, D/G, Thruster	作動状態を確認したか？ Has the operating condition been checked ?	Yes / No
9	各指示器 Indicator	作動状態を確認したか？ Has the operating condition been checked ?	Yes / No
10	航海灯，停泊灯，昼間信号灯 Navigation light, Anchor light, Daylight signaling light	作動状態を確認したか？ Has the operating condition been checked ?	Yes / No
11	無線設備 Radio equipment	VHF，MF/HF 無線電話装置や NAVTEX 受信機等の作動状態を確認する。 Has the operating condition been checked for VHF, MF/HF & NAVTEX ?	Yes / No
12	通信設備 Communication equipment	マイク，トランシーバーの状態を確認する。 Has the communication been checked for public address system & transceiver ?	Yes / No
13	船体（安全性） Hull condition	トリム，GM，喫水などを確認したか？ Has the condition of Trim, GM, Draft been checked ?	Yes / No
14	水路図誌など，海図 Nautical publication, Charts	必要図誌が整備され，最新であること。最新の改補がなされていること。 Are up to date Nautical publication available on board ? Are up to date charts available on board ?	Yes / No
15	救命設備 Lifesaving equipment	救命筏，救命胴衣，SART 及び EPIRB などの救命設備が整備されているか？ Are Life-saving equipment such as Life Rafts, Life Jackets, SART and EPIRB provided ?	Yes / No
16	消防設備 Firefighting equipment	消火器，消火ホース，消防ポンプ，ノズル，火災探知装置などの消防設備が整備されているか？ Are firefighting equipment such as fire extinguishers, fire hoses, fire pumps, nozzles, and fire detection devices provided ?	Yes / No
17	甲板設備 On board equipment's	係船設備，揚錨設備などの作動状態を確認したか？ Have you checked the mooring winch & Windlass operating condition ?	Yes / No
18	排水設備 Discharge equipment's	ビルジポンプなどの作動状態を確認したか？ Has the operating condition of Blige pump checked ?	Yes / No
19	積込み品 Provision	燃料，食料，清水，医薬品などの必要な物が積み込まれている。 Have the provision of food, fuel, drinking water, medicine, etc. for sailing.	Yes / No
20	気象 Weather	最新の気象通報，FAX などの情報を収集している。 Are up to date the weather bulletins & FAX available on board ?	Yes / No

Remarks

このチェックリストを使って，発航前点検を見ていきましょう。

★船員法

船長の職務権限，船内規律，船員の労働条件を定めた法律です。

(1) コンパス

① ジャイロコンパス

最初に操舵コンパスの確認をします。一般に船橋内中央に装備されている操舵スタンド（図 1.2）に組み込まれているジャイロコンパスをマスターコンパス（Master compass）（図 1.3，図 1.4）といい，その示度《しど》をチェックし，船橋両舷などにある各レピーターコンパス（Repeater compass，操船用・操舵用・両舷ウイング用，舵機《だき》室用など）（図 1.5）がマスターコンパスと違いがないかを確認します。示度の違いがあれば，修正します。各レピーターコンパスによってつまみを押し回すタイプや追従のスイッチを切って示度を修正するタイ

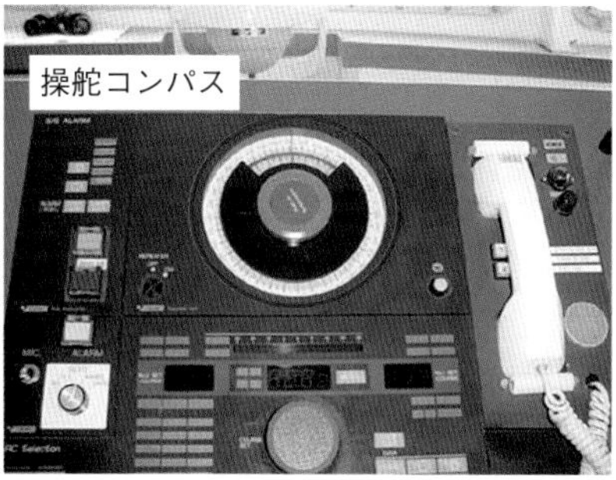

図 1.2　操舵スタンド

図 1.3　マスターコンパス

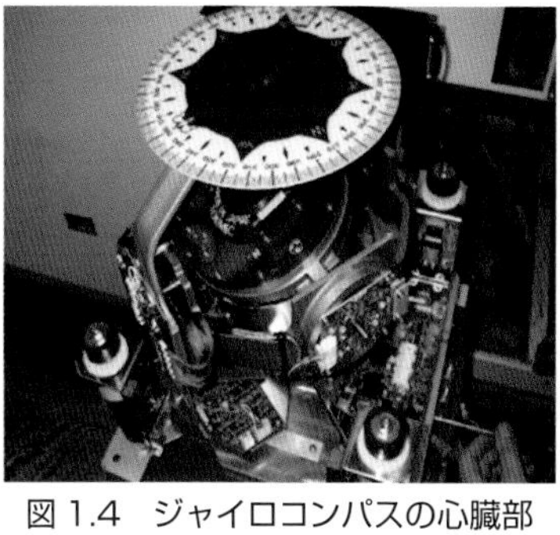
図 1.4　ジャイロコンパスの心臓部

図 1.5　ウイングのレピーターコンパス

プなどがあります（図 1.6）。

ジャイロコンパスの方位信号は，レピーターコンパスだけではなく，レーダー（Radar：Radio Direction and Ranging）（1.2(2)参照）や ECDIS（Electronic Chart Display and Information System，電子海図情報表示装置）（1.2(2)参照）など，方位信号が必要な機器へ出力されています。

図 1.6　レピーターの示度修正つまみ

ジャイロコンパスは，マグネティックコンパスとは違って，地磁気の影響を受けないので，常に真北を指します。ただし，緯度と速度による誤差があるため，調整が必要になります。最新機種では，船舶の速度や緯度を自動入力して調整の必要がないものもあります。

また，起動後間もないときや機会を見つけて，ジャイロエラー（Gyro error，ジャイロコンパスの誤差）を検出します。その場合は，岸壁の方位から求めたり，2 つの物標が重なって見える方位線であるトランジット（Transit line，重視《じゅうし》線）を利用する方法がありますが，物標方位や天体方位をより正確に測りたい場合は，方位環《かん》（Azimuth circle）や方位鏡《きょう》（Azimuth mirror）を使います（Appendix 1.2 参照）。

ジャイロエラーは，符号のまま足し引きすれば真値になるように，＋，－で示します。マグネティックコンパスは，E'ly（W'ly）1° のように示し，東（西）に 1° ずれていることを意味します。

★示度

計器が示す目盛りです。

★レピーターコンパス

マスターコンパスからの信号を受けて，マスターコンパスと同じ方位を示す装置です。

★ウイング

操舵室（Bridge，ブリッジ）にある左右に張り出した部分です。

★舵機室

舵を動かすための装置（操舵機）を設置している区画です。

② マグネティックコンパス（磁気コンパス）

どんな大きさの船舶でも，マグネティックコンパスを装備することが義務づけられていて，その示度も確認します（図 1.7）。マグネティックコンパスの使用に際しては，操舵スタンドの上方にその示度を見ることのできる構造（図 1.7(c)）が備えられていますが，今日では操舵スタンドにデジタルで表示されるものもあります（図 1.8）。

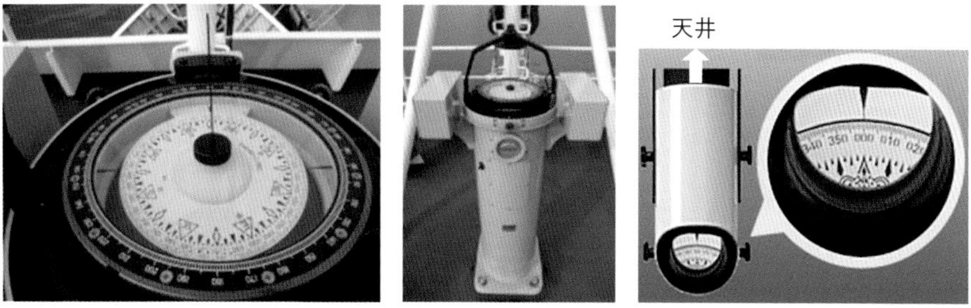

(a) コンパスボウル　(b) 反映型コンパス　(c) 船橋内で映る示度（提供：布谷舶用計器工業）

図 1.7　マグネティックコンパス（磁気コンパス）

マグネティックコンパスは，地磁気を利用して方位を求める計器であり，船体が鉄であるために，その磁気の影響を受けて生じる誤差，すなわち自差（Deviation）があります。また，地球を 1 つの磁石と考えた場合，場所ごとに磁場の方向が違うために生じる誤差，すなわち偏差《へんさ》（Variation）があります。そのため，読み値には自差と偏差を加減する必要があります（Appendix 1.3 参照）。

図 1.8　マグネティックコンパス示度の表示例

自差は自差曲線が描かれている残存《ざんぞん》自差曲線図表（Certificate for compass adjustment）（図 1.9）で確認しておきます。

また，偏差は海図（Chart，チャート）に記載のあるコンパス図（Compass rose，コンパスローズ）（図 1.10）から取得します。このコンパス図では 2004 年に測定した偏差（Var.）が 6° 50’ W であり，1 年ごとに 1’ W ずつ増加していることを示しています。例えば，この海図を 2021 年に使用する場合の偏差は，

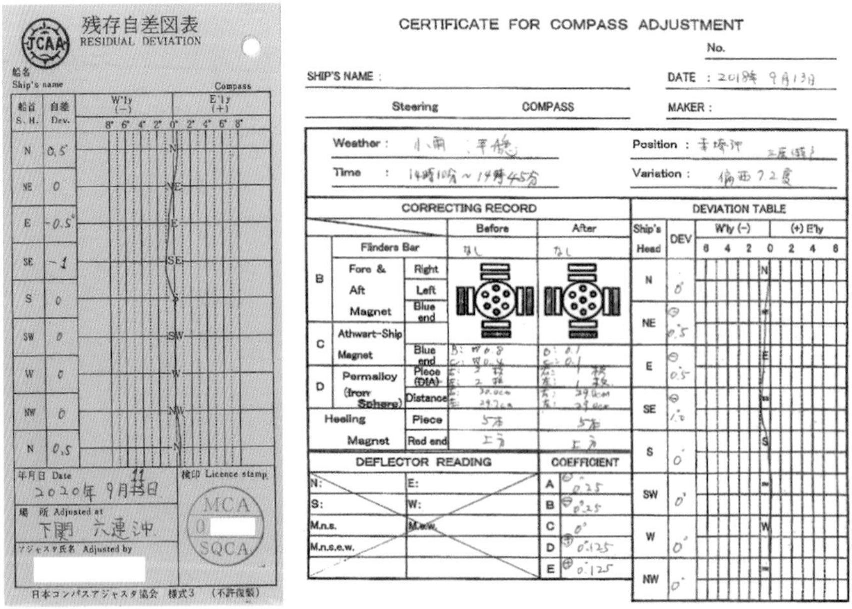

図 1.9　残存自差曲線図表

$(6°\ 50')+\{1' \times (2021-2004)\} = 7°\ 07'$ W ということになります。

なお，入渠《にゅうきょ》時など定期的に自差修正を行い，コンパスジャーナル（Compass journal，自差修正に関する記録を記すもの）にその結果を記入するなど，自差を常に把握しておく必要があります。自差修正は，コンパスアジャスター（Compass adjuster）の資格を持った人が行います。

★入渠

船がドック（Dock）に入ることです。ドックとは，船の建造や修理などをする施設のことです。

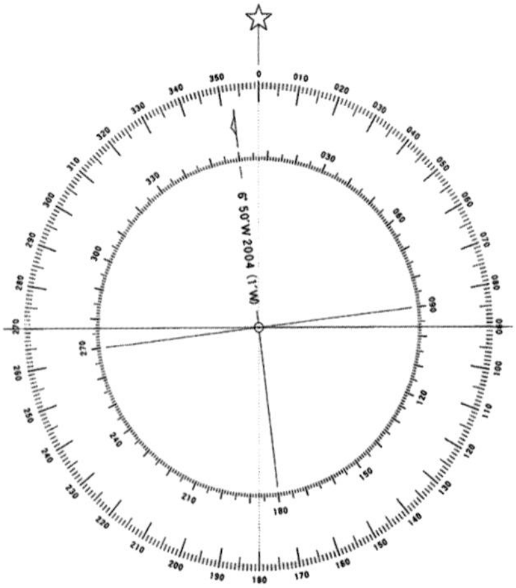

図 1.10　コンパス図

③　GPSコンパス（サテライトコンパス）

GPS（Global Positioning System，全地球測位システム）コンパス（図1.11）は，ジャイロコンパスと同程度の精度があります。また，ジャイロコンパスに比べて以下のような利点があり，ジャイロコンパスのバックアップコンパスとして利用されるようになってきました。

- 可動部がないため定期点検の必要はなく，メンテナンスフリーです。
- 起動時間が短く，電源投入後約3分で使用できます。
- アンテナ（マスト上部）以外は，処理（演算）部と表示部だけなので，省スペースですみます。

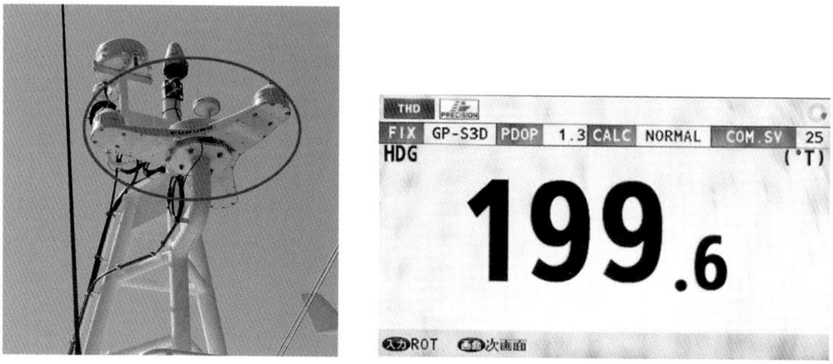

(a) アンテナ　　(b) 表示例

図1.11　GPSコンパス

（2）GPS，RADAR，TT，AIS，ECDIS

①　GPS

GPSの作動確認は，メーカーによって異なりますが，本体の電源を投入し，デモ画面から衛星サーチなどの画面を経て現在位置を表示できた時点で作動確認完了となります。

社船の場合は，停泊中も電源を投入したままの状態が多いと思います。航海終了後もGPS本体はそのままにしておき，AIS本体で本船の状態を航海状態（Under way）から停泊状態（Moored）や錨泊状態（At anchor）に切り替えることで他船へ本船の状態を知らせています。

②　RADAR，TT

RADAR（RAdio Detecting And Ranging，レーダー）は，電源を入れてから3分で準備（Stand by，スタンバイ）の表示が出ます。すぐに使用するのでなければ，機器の動作が安定するまで，30 分以上待ってから，起動します（レーダースキャナー（Scanner）が回り始めます）。

起動する際には，必ずレーダーマストの周りを見て，作業している者がいないことを確認します（図 1.12(a)）。今日のレーダーでは，全て自動同調機能が付いているため，手動で同調（チューニング）を行うことはありませんが，行う場合はできるだけ遠方の物標の映像が最も鮮明になるように調整します。次に，感度調整を行い最適な受信状態にします（図 1.12(c)の GAIN）。感度を上げすぎると映像ノイズが一面に出て，下げすぎると小さな物標が見えなくなります。直径が 10 センチ程度の竹竿《たけざお》でも，調整をすれば確認することができます。

FTC（Fast Time Constant circuit，雨雪《うせつ》反射抑制《よくせい》）（図 1.12(c)の RAIN）やSTC（Sensitivity Time Control circuit，海面反射抑制）（図 1.12(c)の SEA）も調整します。なお，今日では，感度調整を含めて，これらの調整を自動でできるものが多くなってきました。

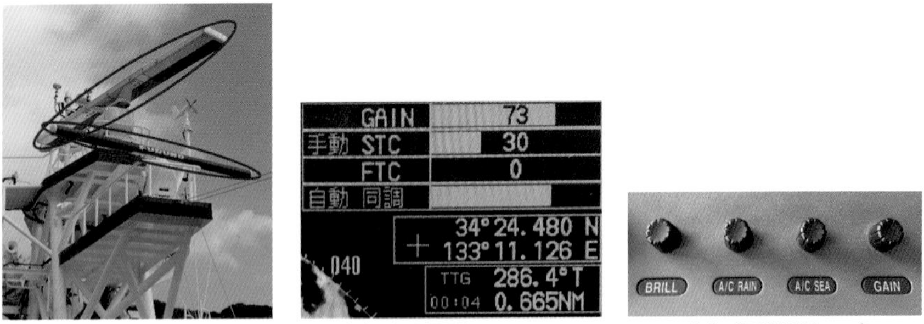

(a) レーダースキャナー　(b) 各種調整メーター　(c) 各種調整ノブ

図 1.12　レーダーの起動と調整

また，今日のレーダーには，以前 ARPA（Automatic Radar Plotting Aids，自動衝突予防援助装置）と呼ばれていたものと同じ役割をする TT（Target Tracking，ターゲットの自動追尾機能）があります。そのため，船首方位などの自船データや GPS，速力及び AIS（Automatic Identification System，船舶自動識別装置）のデータが正しく入力されているか確認することも重要です。

★スキャナー

レーダーのアンテナは，回転しながら電波を送受信して周りを調べるので，スキャナーと呼ばれます。

★ FTC・STC

雨や雪が降っていると，それらからの反射波が映像として映り，小さな船などが判別できなくなります。また，海面に波があると，その波からの反射波が映像として映るため，同様に船舶などの識別が難しくなります。レーダーによる観測の支障にならないよう，これらの影響を少なくするように調整する機能です。

③　AIS

AIS は，船舶の識別符号，船種，位置，針路，速力，船舶の状態（航行中か停泊中など）及びその他の情報を自動的に VHF（Very High Frequency, 超短波）電波で送受信し, 船舶相互及び船舶と陸上の施設（海上交通センター, 通称マーチス（MARTIS：MARine Traffic Information Service））などとの間で情報の交換を行います。そのため, 目的地, 乗船人数, 貨物の種類及び ETA（Estimated Time of Arrival，入港予定日）（Appendix 1.13 参照）などの情報を出港の度に入力する必要があります（Appendix 1.4 参照）。出港したらすぐに AIS を係船中から航海中に切り替えて，他船に自船の出港を知らせます（図 1.13）。

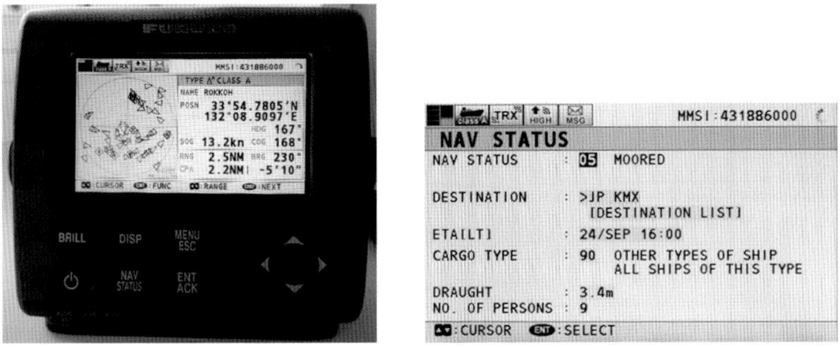

(a) 航行中の表示　　(b) 停泊

図 1.13　AIS

④　ECDIS

ECDIS は，ジャイロコンパス，GPS，速力などの入力を確認して，レーダーや AIS の情報も画面上に表示できるように設定します（図 1.14）。

使用する海図データについては，1.2(13)を参考にしてください。

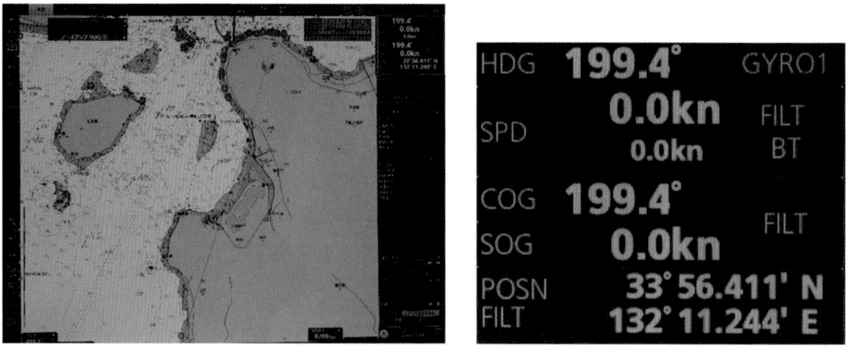

図 1.14　ECDIS 表示画面

★海上交通センター

海上交通に関する航行情報提供及び海上交通管制業務を行う海上保安庁の施設です。

輻輳《ふくそう》（混雑している）海域における海上交通の安全を図るため，東京湾，伊勢湾，名古屋港，大阪湾，備讃瀬戸《びさんせと》，来島海峡《くるしまかいきょう》及び関門《かんもん》海峡の 7 箇所に設置されています。

VHF 16 チャンネル（1.2(11)参照）で，「大阪マーチス，こちらは○○丸です。感度いかがですか？」などと呼びかけ，指定されたチャンネルで交信を行います。

（3）操舵機

船橋と操舵機室間で直通電話（図 1.15，図 1.16）により連絡を取りながら操舵機の作動テスト（舵テスト）を行います。舵テストのときには，操舵機の外観（図 1.17）や油圧配管などからの油漏《も》れなども確認します。

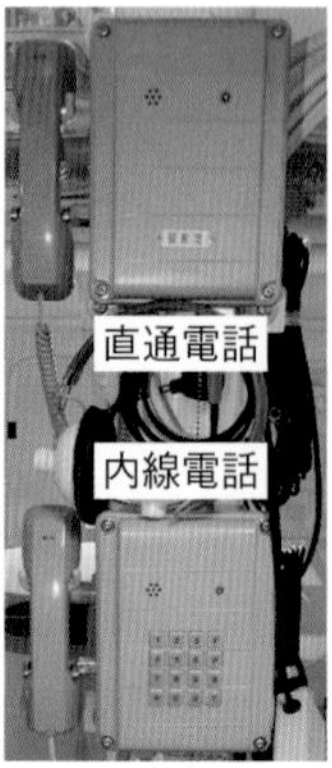

図 1.15　操舵機室内の電話

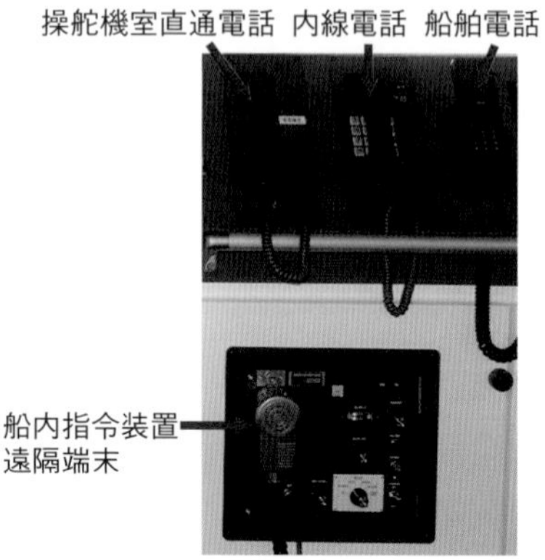

図 1.16　各種電話（操舵スタンド横）

また，点検は以下の項目についても実施します。

① 操舵機から異音及び異臭などの異常がないこと。

② 舵角《だかく》指示器と操舵機室の実舵角が一致していること。

③ オートパイロット（Auto pilot，自動操舵装置）の操縦モードを手動から自動及びノンフォローアップ（Non-follow-up，非常操舵）に切り替えて，正常に作動すること。

図 1.17　操舵機

④ 片舷 30 度から反対舷 30 度まで 28 秒以内で作動すること。

⑤ 操舵機室が整理されていること。

なお，非常操舵操練《そうれん》時においても，非常操舵装置の作動確認（図 1.18，図 1.19）を行います。

★非常操舵操練（Emergency steering drills）

操舵装置または舵などが故障して操船不能となった場合に備えて，操舵機室において操舵装置の直接の制御，船橋と操舵機室との連絡その他，非常の場合を想定した訓練のことです。

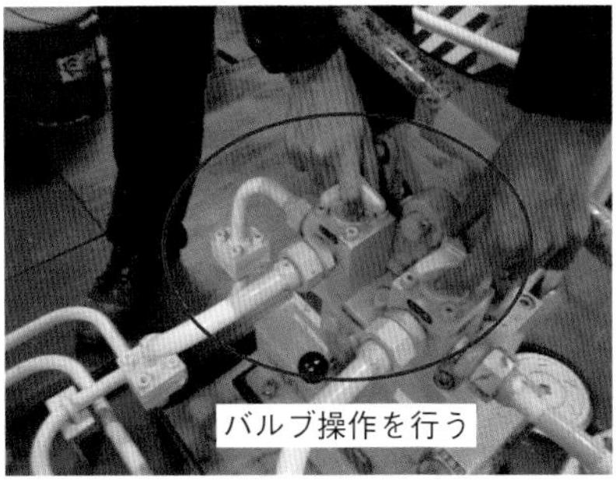

図 1.18　非常操舵装置（バルブの操作）

図 1.19　非常操舵操作

（4）速力計（船速距離計）

電磁ログ（EM log：Electro-Magnetic log）（図 1.20）やドップラーソナー／ログ（Doppler sonar/log）（図 1.21）の電源を入れ，示度を確認します。電磁ログの示度に疑問を感じる場合は，船底にあるセンサーロッドを抜いてセンサー部の確認を行います。貝などの海洋生物が付着してセンサー部先端を覆《おお》うようになっている場合には，センサー部の清掃を行います。なお，センサー部は慎重に扱う必要があり，清掃には特に丁寧な作業を心掛けなければなりません。

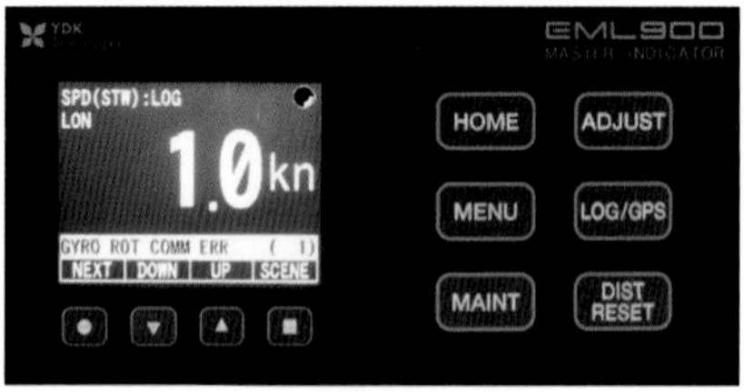

図 1.20　電磁ログの表示例

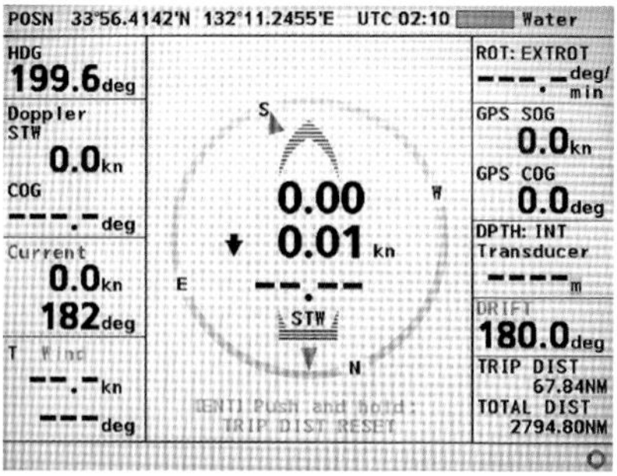

図 1.21　ドップラーソナーの表示例

ドップラーソナーは，電源を立ち上げるだけで通常の使用状態になりますが，表示値に疑問がある場合は，取り扱い説明書を確認してセルフチェックを行います。ビーム（ここでは超音波のこと）が発信されていない場合は，まれに船底の送受《そうじゅ》波《は》器《き》の不具合も考えられます。

また，速力は速力計の種類によって表示される速力が異なります。電磁ログで表示される速力は対水速力ですし，一般的なドップラーソナーにおいては一定の水深（200m 程度）までは対地速力を表示し，それよりも深い水深では対水速力を表示します。なお，GPS から得られる速力は，対地速力です（Appendix 1.5 参照）。

★送受波器

船底から超音波（人間の耳には聞こえない高い振動数の音波）を発信し，海底から反射してくる超音波を受信するセンサーで，ドップラーソナーは発射したときの周波数と受信したときの周波数の差から速力を求めます。

（5）音響測深機

従来型の音響測深《おんきょうそくしん》機《き》（Echo sounder）（図 1.22(a)）は，電源を入れると，すぐに測深《そくしん》（海面から海底までの距離を測定すること）を始めますが，自船の喫水《きっすい》（船体が沈んでいる深さ）値を入力（ダイヤル調整など）して正確な測深ができるように調整します。

機種にもよりますが，デジタル表示と記録紙の連動型の場合は，記録紙の残量にも注意しなければなりません。また記録紙は，たるみがないようにセットしておかなければなりません（図 1.22(b)）。

しかしながら，今日ではデジタル表示で，データとして保存できるものが主流になってきています（図 1.23）。

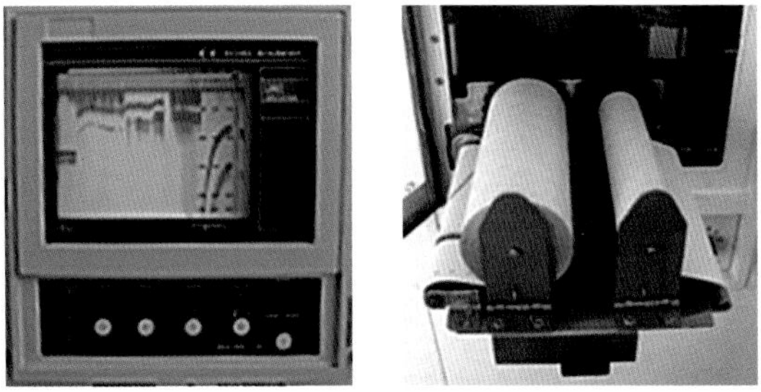
(a) 音響測深機表示部　(b) 記録紙をセットした様子
図 1.22　従来型の音響測深機

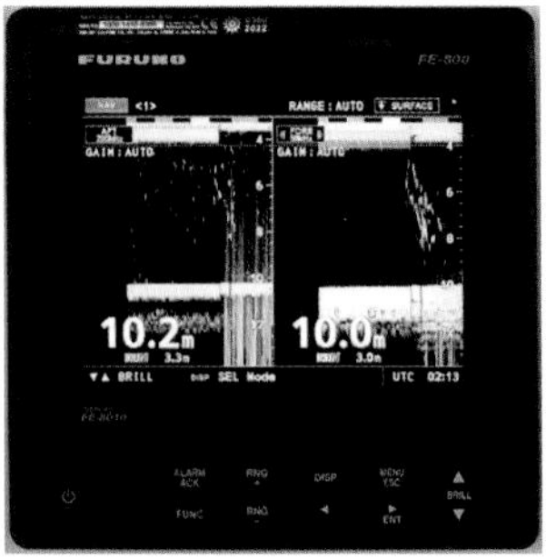

図 1.23　音響測深機のデジタル表示例

(6) コースレコーダー

コースレコーダー（Course recorder）は，船舶の船首方位や実舵角を記録する装置です。また，錨泊《びょうはく》時の振れまわりを確認したり，海難の場合の証拠として使用されることもあるので，従来型のコースレコーダー（図 1.24）では，記録開始時点の日時を正確に記録紙に記載することが必要ですし，記録紙の定期的な交換が必要となります（Appendix 1.6 参照）。

しかしながら，今日では記録紙がなく，一定期間データとして保存していくものが主流になってきています（図 1.25）。

図 1.24　従来型のコースレコーダー

UTC日時	日時+9:00	☑ 真方位	☑ 真進路	☑ 指令舵角	☑ 舵角(S)	☐ 舵角(P)
-	-	航海計器_船位 (GPS)	航海計器_船位 (GPS)	オートパイロット	オートパイロット	オートパイロット
2023/10/04 0:37:00	2023/10/04 9:37:00	84.7	85.1	0.3	0.2	0
2023/10/04 0:38:00	2023/10/04 9:38:00	84.4	85.6	0.2	-0.5	-0.5
2023/10/04 0:39:00	2023/10/04 9:39:00	78.5	79.8	0.1	0.1	0
2023/10/04 0:40:00	2023/10/04 9:40:00	79.3	79.8	0.8	0.8	0.9
2023/10/04 0:41:00	2023/10/04 9:41:00	79.6	80.2	0.2	-0.5	-0.4
2023/10/04 0:42:00	2023/10/04 9:42:00	79.3	80.3	0.4	0.6	0.6
2023/10/04 0:43:00	2023/10/04 9:43:00	78.6	80.7	2.6	3.4	3.3
2023/10/04 0:44:00	2023/10/04 9:44:00	92.3	91.3	2.5	-3	-3.1
2023/10/04 0:45:00	2023/10/04 9:45:00	88	90.1	3.2	3.5	3.2
2023/10/04 0:46:00	2023/10/04 9:46:00	89.6	89.7	1	1.1	1.2
2023/10/04 0:47:00	2023/10/04 9:47:00	89.5	90.6	0.7	1.2	1.3
2023/10/04 0:48:00	2023/10/04 9:48:00	89.5	91.2	2.9	3.2	3
2023/10/04 0:49:00	2023/10/04 9:49:00	90	89.6	0.2	0.2	-0.1
2023/10/04 0:50:00	2023/10/04 9:50:00	90.4	90.6	0.9	0.2	-0.1
2023/10/04 0:51:00	2023/10/04 9:51:00	90.4	90.6	0.8	0	0
2023/10/04 0:52:00	2023/10/04 9:52:00	89.2	90.3	1.3	1.8	1.7

図 1.25　コースレコーダーのデジタル表示例

(7) 汽笛

汽笛《きてき》(図1.26) は, 短音1回が右転, 短音2回が左転で, 短音3回は機関を後進にかけていることを表す操船信号などに使われます。また, 船舶の大きさで音や設置数が違います。汽笛は, 通常, 短音と長音を組み合わせて使用します。短音は約1秒間継続する音であり, 長音は4秒以上6秒以下継続する音です。

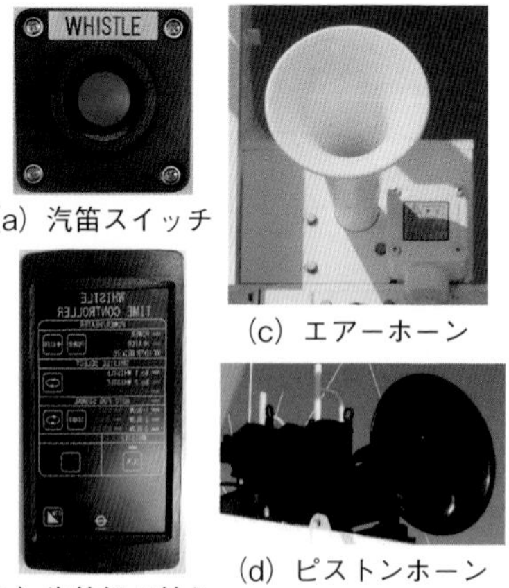

(a) 汽笛スイッチ
(b) 汽笛切り替えスイッチ
(c) エアーホーン
(d) ピストンホーン

図1.26　汽笛

(8) 主機関, 発電機, スラスター

出港前には, 機関部によって主機などの暖機《だんき》が行われます。一方甲板部は, プロペラ周りやスラスター (Thruster, 船舶を横方向に動かすための装置) (図1.58) の近くに障害物がないか確認しておきます。

★暖機 (運転)

機械を始動した直後などに低負荷 (回転数を低くして動かす状態) での運転を一定時間行うことです。低負荷での運転により機械の各部の働きをなめらかにして, 本来の性能を発揮できる状態にすることができます。

(9) 船橋内各指示

出港前には, 各計器の指示器(図1.27)をチェックしておきます。なお今日では, アナログ表示ではなく, デジタル表示になってきているものも多くあります (図1.28)。

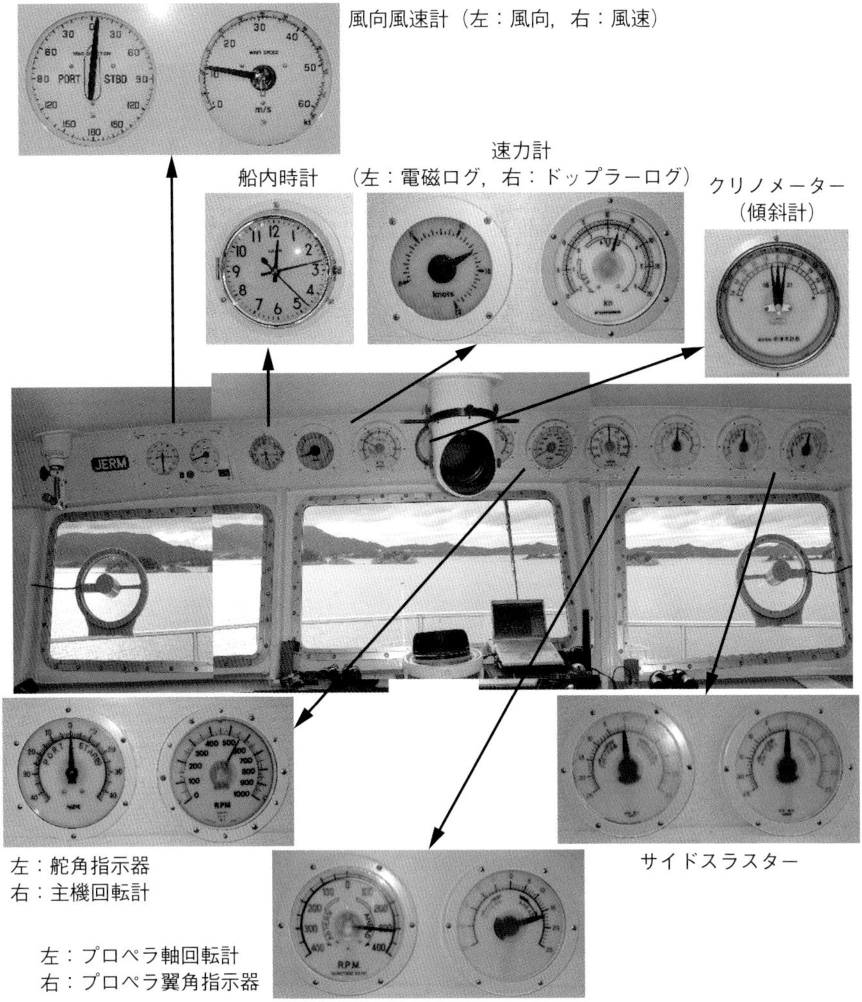

図 1.27　船橋内の各種指示器

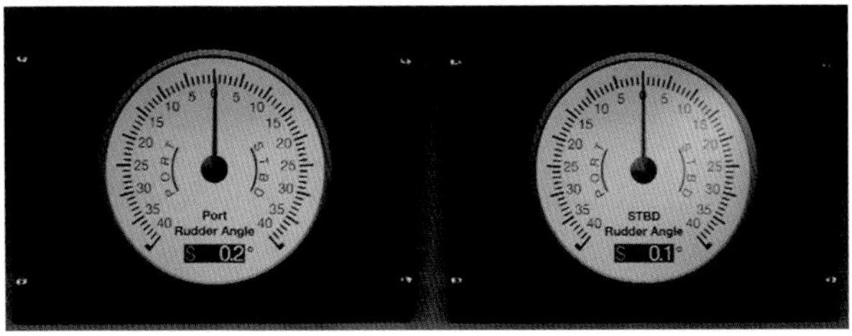

図 1.28　デジタル表示例

(10) 航海灯・昼間信号灯

航海灯は，船橋内にある制御盤で点灯確認が行えますが，それぞれの航海灯が点灯しているのかどうかを目で見て確認することが大切です（図 1.29）。

また航海灯は，暴露《ばくろ》部（風雨にさらされているところ）にあるため，経年劣化による作動不良などがないよう，適宜，航海灯本体の外観確認（図 1.30）や，ふたの開閉と電球の確認（図 1.31）を行うようにしなければなりません。昼間信号灯の作動確認もしておきます（図 1.32）。

図 1.29　航海灯の点灯チェック

図 1.30　左舷灯

図 1.31　ふたの開閉と電球の確認

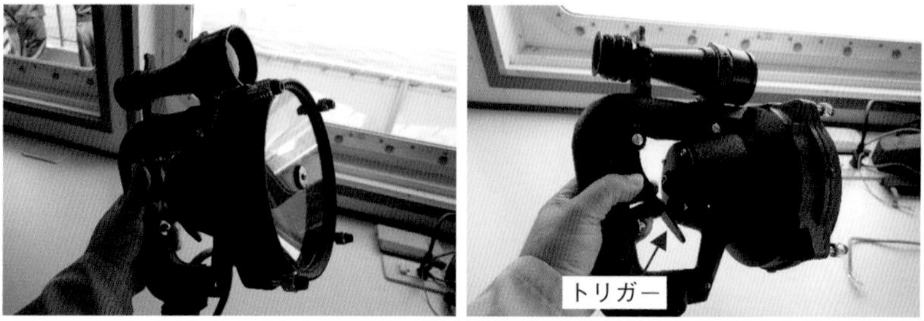

図 1.32　昼間信号灯

★航海灯

衝突を避けるため，船舶が夜間に掲げなければならない灯火で，航海士はその見え方によって，他船がどのような大きさの船舶で，どちらの方向に航行しているのかなどの状態を判断します。マスト灯･舷灯･船尾灯などがあります(Appenndix 1.7 参照)。

★昼間信号灯

昼間信号灯（Daylight signaling light）は，他船との見合い関係で注意喚起をする場合やモールス符号を用いた信号など，特定の方向へ光を断続的に発射できるものです。

持ち運び式の信号灯は，トリガーを引くことで，光源を点滅させます。また，同じ信号灯として，コンパス甲板（ブリッジの屋根にあたる甲板）などに固定して装備されている大型の発光信号機（Light gun，ライトガン）は，光源を点けたままで，開閉器（Shutter）を開閉させることによって使用されます。

（11）通信設備

① 国際 VHF 無線電話装置（通称：VHF）（図 1.33）

電源を立ち上げるとすぐに送受信が可能になるので，電源を入れたら，明瞭に聞こえるようにスケルチ（Squelch）を調整して，雑音を消します。つまみを回すと，「ザー」というような雑音が消えるところがあります。そこに調整して最適な状態で聴取できるようにします。

航海中は常に 16 チャンネルを聴取しなければならないので，電源を入れるとすぐに 16ch が表示されます。

他船などと連絡を取る場合は，16 チャンネルで相手を呼び出して応答を確認したら，船舶同士の場合は基本 6 チャンネル（表示は 06）に切り替えて会話します。もし 6 チャンネルで他船が交信中であれば，8 チャンネルか 10 チャンネルを使用します。16 チャンネルは，全ての人が使う(聞いている)チャンネルなので，必ず切り替えて行います（短い連絡であっても 16 チャンネルで会話してはいけません)。

図 1.33　国際 VHF 無線電話

② MF/HF 無線通信装置

MF（Medium Frequency，中波）/HF（High Frequency，短波）無線通信装置（図 1.34）は，VHF では通信できない海域において使用されます。無線電話とアルファベットによる文字通信が可能です。

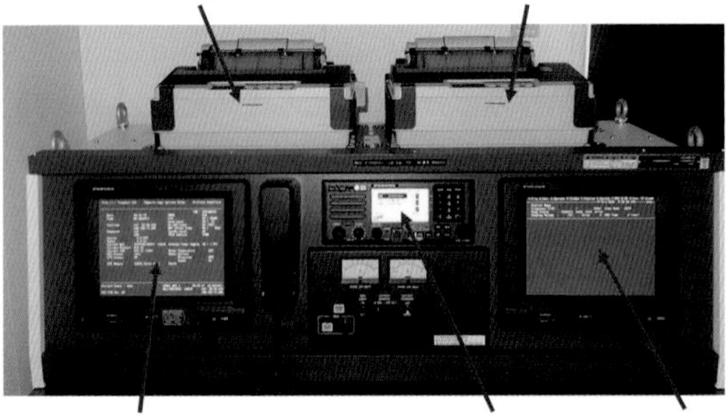

図 1.34 GMDSS コンソール

③ インマルサット衛星通信装置

MF/HF 無線通信装置でも時間や場所によっては通信できないことがあります。この場合は，インマルサット（Inmarsat）通信衛星を使って通信します（図 1.34，図 1.35）。

④ 衛星船舶電話

衛星船舶電話は，日本国内向けの通信衛星を使った，船舶などの移動体向け通信サービスです。緊急事態の際には，衛星船舶電話から 110，119，118 いずれの番号に電話をかけても海上保安庁に通じるようになっています（図 1.36）。

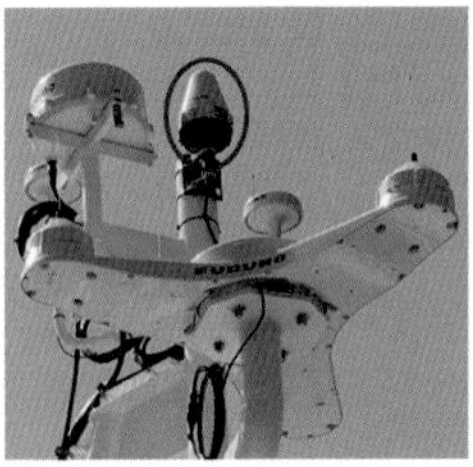

図 1.35 インマルサット C アンテナ

図 1.36 衛星船舶電話

★ 118

海上での緊急用電話番号で，次のような場合に使います。

- 海難人身事故に遭遇した，または目撃した。
- 油の排出などを発見した。
- 不審船を発見した。
- 密航・密輸事犯などの情報を得た。

など

⑤　NAVTEX・EGC

NAVTEX（Navigation Telex，ナブテックス）(図 1.37) と EGC (Enhanced Group Calling，高機能グループ呼び出し) (図 1.34) は, GMDSS (Appendix 1.8 参照）のために搭載しなければならない無線設備です。電源を入れて作動することを確認します。

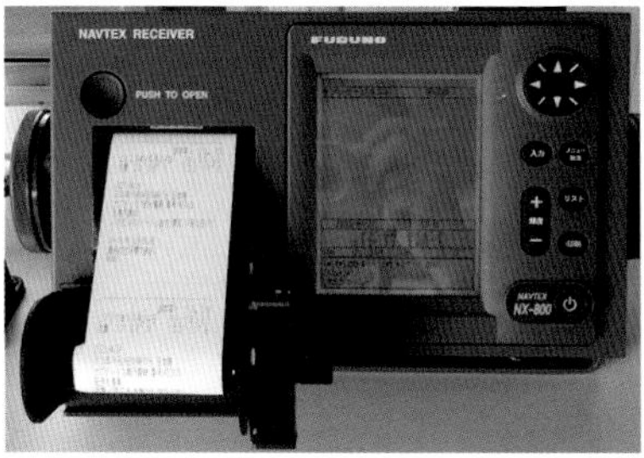

図 1.37　NAVTEX 受信器

⑥　双方向無線電話

双方向無線電話（図 1.38）は, タグボート（Tugboat, 曳船）との通信や遭難したときに救命いかだに持ち込んで救助にきてくれた船舶などと通信するためのトランシーバーで，VHF と通信できます。電源は，充電式の蓄電池を使用しているので，遭難時の消耗を配慮して，常に充電しておく必要があります。

図 1.38　双方向無線電話

(12) 船内通信設備

船橋とエンジンコントロールルーム（Engine control room, 機関制御室）などの間には, 直通（内線）電話が設置されています（図 1.16)。

船上通信装置（Transceiver，トランシーバー）（図 1.39）は，船内の作業用に使用する装置で，船橋と船内各所間での会話が可能です。常に充電状態を確認しておく必要があります。

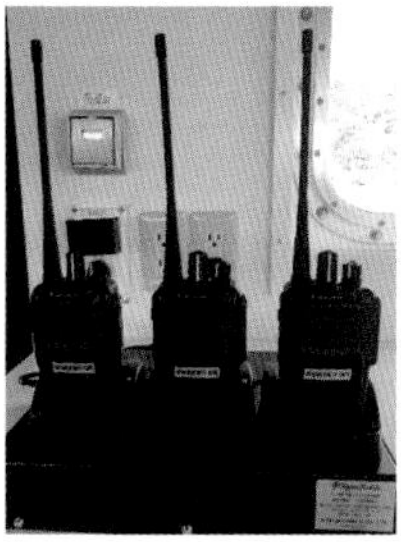

図 1.39　トランシーバー

また出港前には，船内指令装置（通称，マイク）（図 1.40）の操舵スタンド横にある遠隔端末（図 1.16）によって船橋や船首・船尾との通信確認を行いますが，船舶によってはトランシーバーが使用されます。その場合，他船と混信しないように最適なチャンネルを事前に決めておく必要があります。

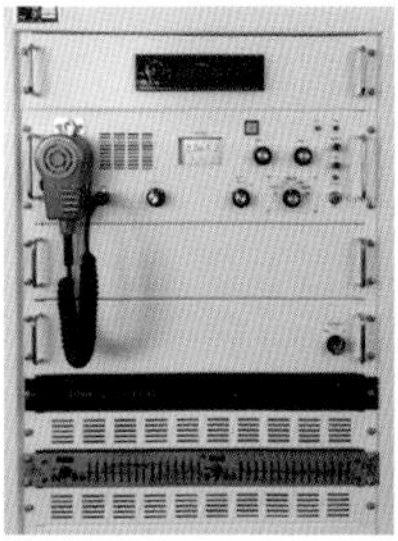

図 1.40　船内指令装置

(13) 海図・水路書誌など

船舶の安全運航には，航海する海域や入港予定港などに関する最新情報を入手しておかなければなりません。航海に使用する海図の情報が古い可能性のある場合は，航海に使うことはできません。そこで，航海に使用する海図は最新の状態を常に維持しておく必要があるため，「改《かい》補《ほ》」という作業を行います。改補のための情報源は，毎週，海上保安庁海洋情報部（http://www1.kaiho.mlit.go.jp/）や各管区の海上保安部から発信されている「水路通報」から入手します。メールでの配信や各海上保安部などのホームページから水路通報のデータが入手可能です。入手したデータをもとにして，例えば，図 1.41 のように補正図を印刷して，海図の該当箇所に貼り付けるなどして，海図を最新の状態にします。改補を行ったときには，必ず海図の左下に何年の何番の改補を行ったのかを記載しておくことで，誰が見ても海図の改補状況の確認ができるようにしておきます（図 1.42）。

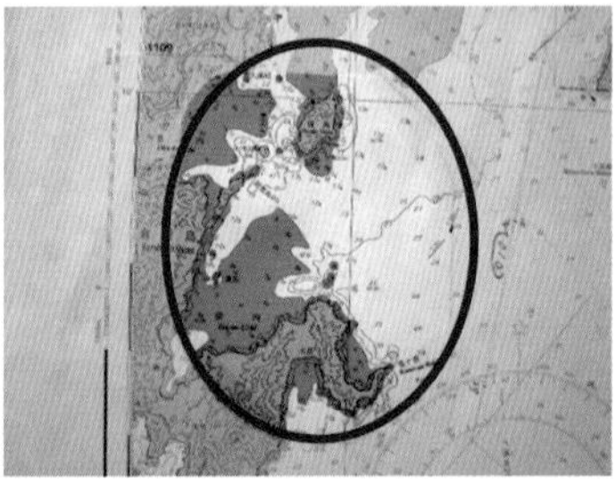

図 1.41　補正図を使用した改補

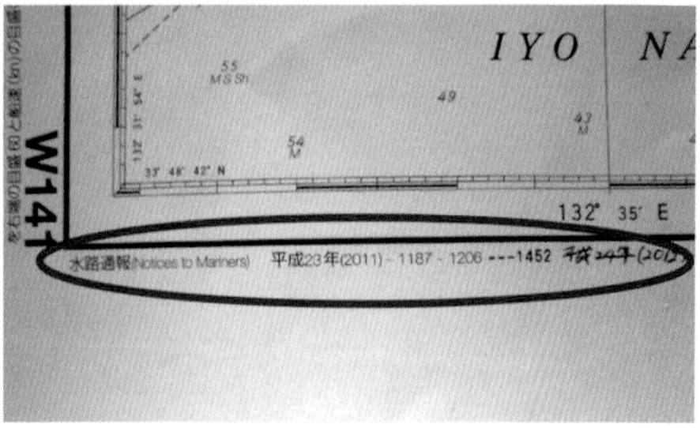

図 1.42　改補の記録例

また，ECDIS で使用する航海用電子海図（ENC：Electronic Navigational Chart)）は，チャートプロバイダから提供された CD/DVD-ROM を使用してアップデートします。また，衛星通信回線を使用して，船上でアップデートすることもできます（衛星通信を介して直接 ECDIS にアップロード，もしくはインターネット回線に繋いだ PC に一旦《いったん》アップデートされたチャートデータを取り込み，そこから ECDIS へチャートデータを移行するといった 2 つの方法があります）。また海図データを使うためには，毎年，更新手続きをする必要があります。

図 1.43 は一例ですが，ECDIS 本体の USB 基板とアクティブキー（別名：ドングル（Dongle））を示しています。ECDIS 本体の USB 基板は ECDIS 本体下部の開口部を開けると確かめられます。アクティブキーは，アプリケーションを起動させるためのものであり，複製による不正使用ができなくするためのものです。アクティブキーを USB 基板に差し込んでいない場合，ECDIS 本体は起動せず，海図データの更新もできません。また C-MAP を利用する場合もアクティブキーが必要です。

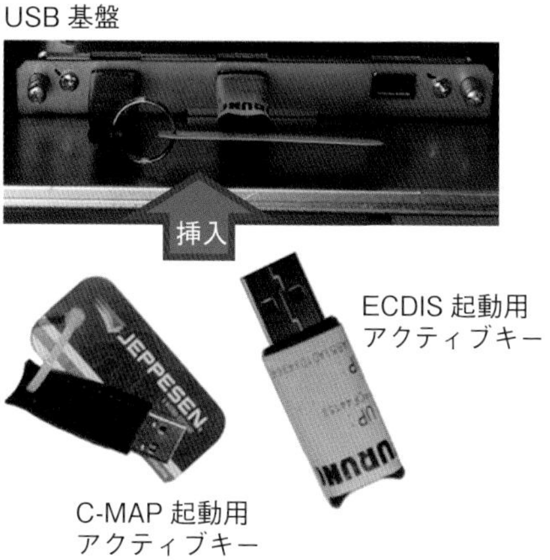

図 1.43　アクティブキーと USB 基板の例
（提供：FURUNO）

★水路通報

水路図誌を最新のものに維持するための情報並びに船舶交通の安全や環境保全などに必要な情報です。

★水路図誌

水路に関わる事項を記載した資料のことで，海図と水路書誌（海上保安庁海洋情報部刊行物の中で海図以外のもの）に大別されます。

★ C-MAP

C-MAP は，ノルウェーの C-MAP 社が独自に作成したベクトル形式の電子データで，ENC を補完する追加情報を ENC 上に重畳《ちょうじょう》するものです。

（14）救命設備・消防設備

救命設備・消防設備ともに，常に使用できる状態であるか確認します。

① 救命設備

甲板上の救命設備である救命いかだ（Life raft，ライフラフト）（図 1.44）やイーパブ（EPIRB：Emergency Position Indicating Radio Beacon，非常用位置指示無線標識）（図 1.45）の設備の装備状況を確認しておきます。救命いかだのラッシングワイヤー（Lashing wire）の張り具合や外観にも注意します。また，救命いかだ用ライトの点灯チェックも必要です。

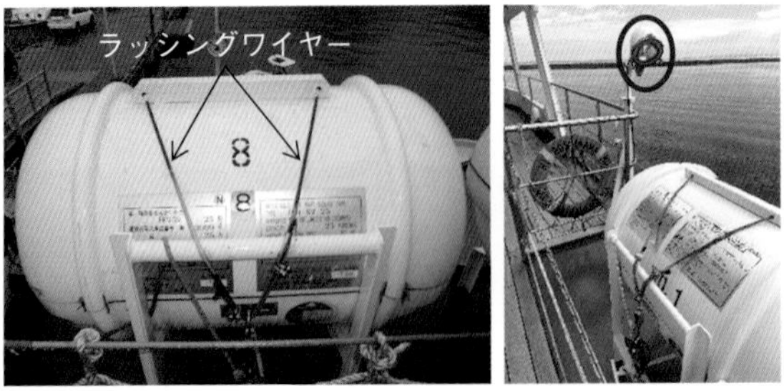

図 1.44　救命いかだ（右：いかだ用ライト）

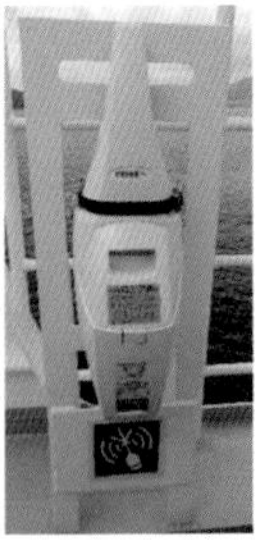
図 1.45　イーパブ

② 消防設備

火災警報受信器，火災警報押しボタンなどの火災探知機器類を確認します（図 1.46）。

(a) 火災警報受信器

(b) 火災警報押しボタン

図 1.46　火災探知機器類

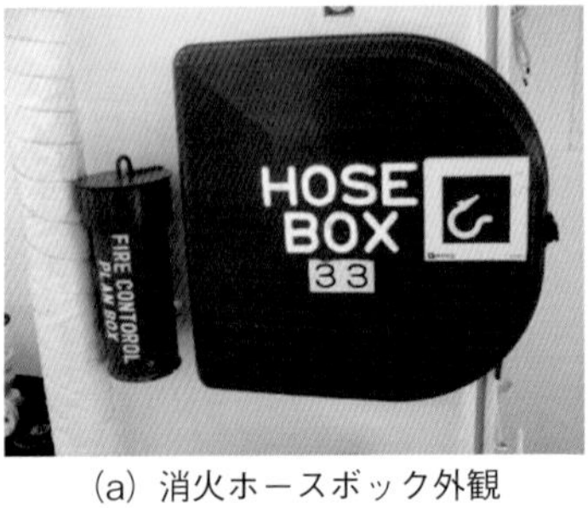

(a) 消火ホースボックス外観

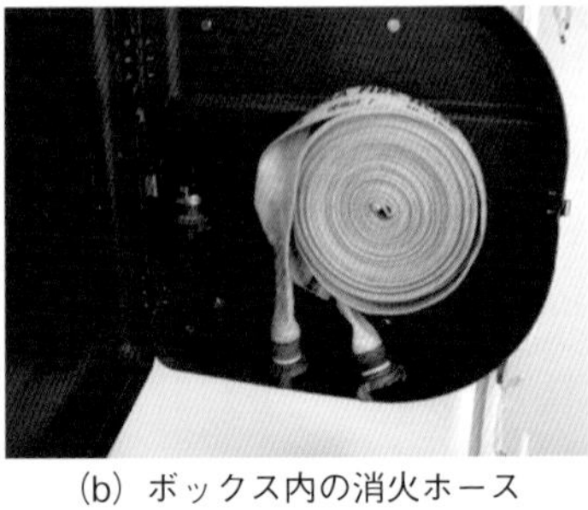
(b) ボックス内の消火ホース

図 1.47　消火ホースボックス

ハウス（甲板上の構造物）の外に装備されている消火ホースボックスの外観やホースノズルを確認します(図1.47)。船内各所に設置されている粉末消火器，炭酸ガス消火器，泡消火器（図1.48）などの装備状況を確認します。粉末消火器は，薬剤（リン酸アンモニウム）が細かく，砂糖などのように固まることもあるので，適宜《てきぎ》外して本体を振って中の音（サラサラという音）を確認します。炭酸ガス消火器は，計量することで漏れを知ることができます。泡消火器は，1年ごとに中の薬剤を入れ替えます。

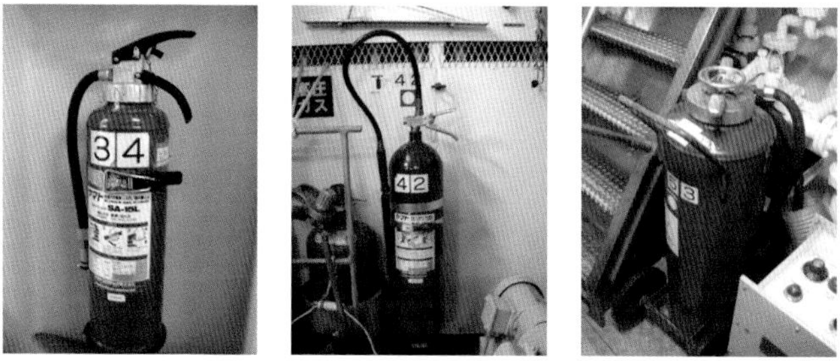

(a) 粉末消火器　(b) 炭酸ガス消火器　(c) 泡消火器

図1.48　各種消火器

(a) 消防員装具格納箱　(b) 消防員装具装着

図1.49　消防員装具

(a) 消火器・ホース　(b) 持ち運び式泡放射器

図1.50　機関室内の消火設備

消防員装具も中の個人装具やボンベなどの点検が必要です（図 1.49)。

機関室内に設置している持ち運び式粉末消火器（図 1.50(a)）は，薬剤が熱で固まりやすい性質があるので特に注意しておかなければなりません。消火設備がすぐに取り出せるよう，周囲にものを置かないようにしておきます(図 1.50(b))。

(15) 船体（安全性）

船体各部を確認し，開口部の閉鎖や水密ドア（浸水をくいとめるための扉）などの作動確認を行います。

水密ドアは，船橋からの遠隔操作や現場での自動・手動操作を確認します（図 1.51)。

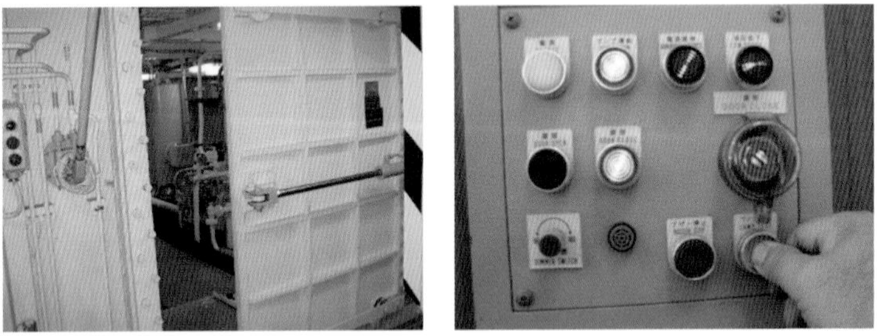

図 1.51　水密ドアの作動確認

(16) 甲板設備

甲板上の閉鎖設備の確認をしておきます（図 1.52)。回転部分などには，適宜グリスアップ (Grease up) を施しておかなければなりません。ヘビードア (Heavy door) やハッチ（Hatch）のゴムパッキン（Rubber packing）の当たり具合なども，日々の確認が必要です。ダンパー（Damper）や通風機などの開閉確認や適宜回転部へのグリスアップを行います（図 1.53)。

★ダンパー

空調用や換気用のダクト（Duct，空気を運ぶための管）内の空気の流れを制御する開閉装置です。船舶の場合は，防火用ダンパーとして，煙や炎がダクトを通じて他の船内区画に伝播することを防止するために設置されています。

★グリスアップ

可動部分（軸受など）にグリス（油よりも粘度が高い液状の潤滑《じゅんかつ》油）を注入し，動きをなめらかにして磨耗《まもう》を抑えます。

(a) ヘビードア　(b) ハッチ

図 1.52　閉鎖装置

(a) ダンパー　(b) 通風機

図 1.53　閉鎖装置（作動確認とグリスアップ）

（17）排水設備

機関室の排水設備（図 1.54）として，ビルジ（Bilge）吸引の方法（ポンプの始動やバルブ操作）も確認しておかなければなりません。

通常使う機会が少ないので，バルブ（Valve）が，固着している場合があります。バルブの開閉を確認し，あわせて近くにバルブハンドルなどが備えられているかもチェックしておきます。

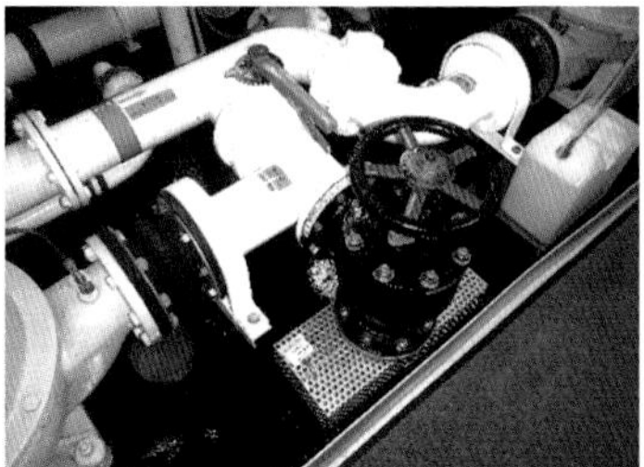

図 1.54　排水設備（ビルジ吸引）

★ビルジ

船底に溜まっている水やオイルなどの混合された不要液体のことです。

(18) 積込み品

航海に必要な食材や機材の積み込みが完了していることを確認します。また，荒天が予想される場合は，積込み品が移動しないような処置を施しておきます。

(19) 気象

天気図には，地上天気図，24時間及び48時間予想天気図，高層天気図及び外洋波浪天気図などがあり，無線FAX（Facsimile，ファクシミリ）（図1.55）により受信します。また，インターネットからも取得できます。

海上警報は，VHFなどの無線電話，NAVTEXなどから受信することができます。これらも気象庁などのホームページから取得することができます。

各海上保安部がホームページにおけるMICS（Maritime Information and Communication System，沿岸域情報提供システム）で発信する情報からもリアルタイムの気象情報が入手できます（Appendix 2.8参照）。

図1.55　気象用FAX

(20) ワイパーと旋回窓

船橋の窓には，雨天時などの視界を確保するためのワイパー（Wiper）や旋回窓（Clear view screen，クリアビュースクリーン）が付いています。これらについても作動を確認しておきます（図1.56）。

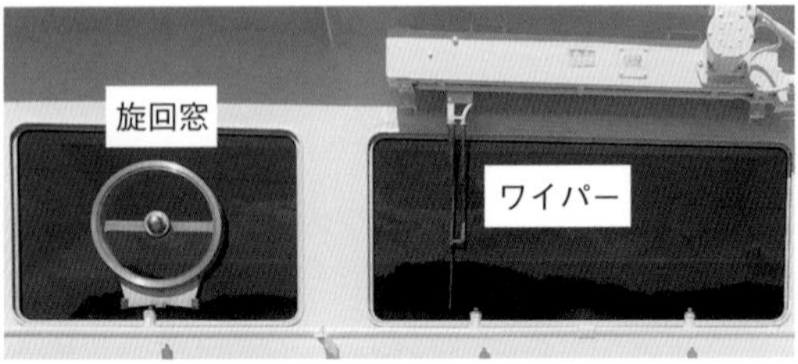

図1.56　旋回窓とワイパー

1.3　出港準備作業

出港準備作業は，航海士と甲板部で手分けして行います。航海士は，出港準備が整ったら，そのことを船長に報告します。なお，船員の呼称は Appendix 1.9 を参照してください。

（1）船橋内での準備の様子

それでは，出港準備作業を行っている船橋内の会話を聞いてみましょう。

3/O	3/E へ，コンディションレポート用に各タンクの残量を教えてください。
3/O	C/O！出港時のコンディションレポートです。ハーバーパイロットにもレポートを渡します。
C/O	了解。それと潮汐，潮流（Appendix 1.12），日出没時を確認しておくように！
3/O	了解しました。ところで，ETA（Appendix 1.13）も計算しますか？
C/O	もちろん！ほかにも出港前の航海計器の作動確認や点検を行い，出港前チェックリストを完成させること。汽笛のテストも忘れずにね。
3/O	了解しました。

★コンディションレポート（Condition report）

船舶の状態（Appendix 1.10，1.11）を船長に報告するレポートで，3/O の重要な仕事です。

★ハーバーパイロット（Harbor-pilot）

港内での離着岸を担当するパイロットのことです。

C/O	2/O，操舵機の点検はもう終わった？
2/O	はい。先ほど Q/M と一緒に点検しました。異常ありませんでした。
C/O	それじゃ，NAVTEX，EGC，水路通報を確認して航行警報などが出ているかどうか確認しておいて！ちなみに海図の改補はもう終わっているよね？
2/O	はい！昨日のうちに全て終わっています。ECDIS も改補済みです。

C/O	了解！ところで最近ジャイロエラーが大きいみたいだけど，どれぐらいだった？
2/O	+1°でした。レピーターコンパスがマスターコンパスとズレていましたので，修正しました。
C/O	了解。ついでにマグネティックコンパスの自差も確認しておくように。
2/O	了解しました。

（2）船長への報告

船長が船橋に上がってきたときの報告の様子を聞いてみましょう。

3/O	Capt. 出港前チェックの結果，異常ありません。
Capt.	了解。出港前の放送をかけなさい。それから P 旗は降ろすように。
3/O	了解しました。
3/O	「本船，間もなく出港します。乗船予定のない方は速やかに下船願います。」（放送）
C/O	出港時のコンディションはこちらになります。
Capt.	了解。3/O！スタンバイの放送をかけなさい。出港する！

★船長への報告事項

以下の出港のための準備及び確認項目について，船長へ報告しなければなりません。

ⓐ 操舵装置の確認
ⓑ 航海計器の作動確認
ⓒ 海図などの水路図誌の準備
ⓓ 出港に関する書類や入港時に必要となる書類の準備
ⓔ 信号灯，汽笛，電話，トランシーバー，マイクなどの指令装置の作動，通信確認
ⓕ 信号旗，形象物の掲揚
ⓖ 喫水の読取，潮流や潮汐，日出没時間の計算

1.4　出港作業

(1) スタンバイ

一般的な甲板部士官の部署配置（Stand by, スタンバイ）は，以下のとおりです。

Capt.：船橋にて操船を行う

C/O：船首配置の指揮

2/O：船尾配置の指揮

3/O：船橋にて船長補佐及び通信

まずは，出港時における会話を聞いてみましょう。

3/O　出港用意，「とも」，「おもて」スタンバイ！
Man your stations for leaving port.

C/O　ブリッジこちら「おもて」。マイクの感度いかが？
Bridge! This is forward station. How do you read from forward station？

Capt.　「おもて」から良好。こちらからいかが？
I read you good from forward station. How do you read me？

C/O　良好です。
I read you good from bridge.

2/O　ブリッジこちら「とも」。マイクの感度いかが？
Bridge! This is aft. station. How do you read from aft. station？

Capt.　「とも」から良好。こちらからいかが？
I read you good from aft. station. How do you read me？

2/O　良好です。舷梯《げんてい》揚げてよろしいでしょうか？
I read you good from bridge. I take in gangway ladder？

Capt.　他に降りる者がいないことを確認して揚げろ。
Check who's disembarking, you take in gangway ladder.

2/O　確認しましたので，舷梯揚げます。
Confirmed. I will take in gangway ladder.

Capt.　了解。
Roger.

2/O　舷梯揚がりました。
I got gangway ladder.

★スタンバイ

スタンバイはいろいろな場面で使われます。基本「準備」という意味ですが,「出港スタンバイ」や「スタンバイエンジン」など，命令に対してすぐに行動できるようにしておくということです。

★「とも」と「おもて」

「とも」(Stern, スタン),「おもて」(Bow, バウ) とは, それぞれ船尾（後), 船首（前）のことを指し,「船尾（配置)」,「船首（配置)」へ船橋から呼びかけるときの呼称としても使われます。

また，船首部署を Forward station，船尾部署を After (Aft.) station といいます。

★舷梯

舷梯（図 1.57）は，乗船・下船のときに，舷側に取り付けるはしごのことです。英語ではラダー (Ladder, Gangway laddar)，ワーフラダー（Wharf ladder)，アコモデーションラダー（Accommodation ladder)と呼ばれます。オランダ語ではタラップ(Trap) といいます。

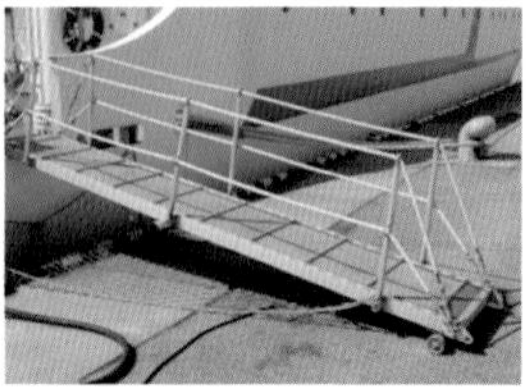

図 1.57　舷梯の例

（2）トライエンジン

出港の度に主機（Main engine，メインエンジン）のトライエンジン（Try engine，試運転）が行われます。主機の前後進が正常に作動するかどうかを確認します。その際には，船体が前後に動いてラインが切れるおそれがあるため，ラインの延長線上に立たないことと，離れることが重要です。また，プロペラを回すので，実施前には,「とも」周辺に危険な物が浮遊していないかどうかを確認して船橋に報告します。

また，主機の試運転と同様にスラスターの試運転も行います。スラスター付近に，浮遊物がないかどうかを確認して船橋に報告します。

Capt.　「とも」,「おもて」, トライエンジン, スラスターのトライをしてよかったら知らせ！
All stations, report when you are ready for main engine trial and side thruster trial.

C/O　「おもて」，スラスター周りクリアです。
This id forward station. Side thruster clear, sir.

2/O　「とも」，プロペラ周りクリアです。
This is aft. station. Propeller clear, sir.

Capt. 了解。トライエンジンを行う。ラインから離れるように！
All stations, roger. I will try engine. Keep away from the mooring lines !

Capt. トライエンジン終了。
Main engine trial completed

★スラスター

船体を横移動させるときに使う装置（図 1.58）で，船首側に付いているものをバウスラスター（Bow thruster），船尾側に付いているものをスタンスラスター（Stern thruster）といいます。

図 1.58 スラスター

★ライン

ラインとは係留（船）索（Hawser, ホーサー）のことで，使われ方によって以下のような種類があります（図 1.59）。なお，係留とは船舶などをつなぎとめておくことです。

また，おもてとともに分けるために，ブレストラインとスプリングラインにはそれぞれフォワード（Forward）とアフト（Aft.）を語頭に付けていいます。

① ヘッドライン（Head line）
② フォワードブレストライン（Forward breast line）
③ フォワードスプリングライン（Forward spring line）
④ アフトスプリングライン（Aft. spring line）
⑤ アフトブレストライン（Aft. breast line）
⑥ スターンライン（Stern line）

図 1.59 ホーサーの種類

（3）シングルアップ（Single up）

シングルアップ（Single up）は，出港準備のために，「おもて」ではヘッドライン（Head line）1 本とスプリングライン（Spring line）1 本,「とも」ではスターンライン（Stern line）1 本とスプリングライン 1 本にすること。

通常時はこの他に複数のラインを取って係船（船舶を一時的に港に係留すること）しています（図 1.60）。

図 1.60　係留の様子

それでは，その様子を聞いてみましょう。

Capt.　「とも」，「おもて」，シングルアップ。
Single up forward and aft.

C/O　シングルアップ「おもて」，了解。
This is forward station. Single up, sir.

2/O　シングルアップ「とも」，了解。
This is aft station. Single up, sir.

C/O　「おもて」，シングルアップ・サー。
This is forward station. Single up, sir.

2/O　「とも」，シングルアップ・サー。
This is aft station. Single up, sir.

Capt.　「とも」，「おもて」，了解。
All stations, roger.

もう少し，細かな命令が出される様子も聞いてみましょう。

Capt.　「おもて」，スラック・アウェイ・ヘッドライン。
Forward station, slack away the head line.

C/O　スラック・アウェイ・ヘッドライン「おもて」，了解。
This is forward station. Slack away the head line, roger.

C/O　「おもて」，スラック・アウェイ・ヘッドライン・サー。
This is forward station. Slack away the head line, sir.

Capt.　「とも」，レッコ・スターンライン。
Aft station, let go stern line.

2/O　　レッコ・スターンライン，了解。
　　This is aft station. Let go stern line, roger.

2/O　　「とも」，レッコ・スターンライン・サー。
　　This is aft station. Let go stern line, sir.

Capt.　「とも」，レッコ・スプリングライン。
　　Aft station, let go aft spring line.

2/O　　レッコ・スプリングライン，了解。
　　This is aft station. Let go aft spring line, roger.

2/O　　「とも」，レッコ・オールラインズ・サー。
　　Aft station, let go all aft, roger.

2/O　　「とも」，オールラインズ・クリア・サー。
　　This is aft station. Letting go all aft, sir.

Capt.　「とも」，了解。
　　Let go all aft, bridge understood.

○命令及び復唱

ブリッジからの命令に対して，各部署はその命令を復唱（アンサーバック，Answerback）し，その命令の後に「了解」を付けます。その後，その動作が完了したときには，その命令の語尾に「サー（sir）」を付けることで，動作の完了を報告します。

ブリッジ	命令	○○○○○○○。
各部署	復唱	○○○○○○○，了解。
各部署	報告	○○○○○○○・サー。

また，命令には以下のようなものがあります。

- レッコ（Let go）　放せ，降ろせ，捨てる。
- スラック・アウェイ（Slack away）　緩《ゆる》める，たるませる。
- クリア（Clear）　異常なし，（岸壁などを）通過する。

（4）出港

では，出港です。その様子も聞いてみましょう。

Capt.　クラッチオン！
We will engage the clutch.

C/E　クラッチオン，了解。
Engage the clutch, roger.

C/E　クラッチオン・サー。
Engage the clutch, sir.

Capt.　「おもて」，レッコ・オールライン。
Forward station, let go all line.

C/O　レッコ・オールラインズ「おもて」，了解。
This is forward station. Let go all line, sir.

C/O　「おもて」，レッコ・オールラインズ，ノットクリア・サー。
This is forward station. Let go all line, not clear, sir.

C/O　「おもて」，オールラインズ，クリア・サー。
This is forward station. All lines, clear, sir.

Capt.　「おもて」，了解。
All lines clear, roger.

Capt.　3/O! AIS を航海中に切り替えるように。
3/O! Switch AIS to sail.

3/O　了解しました。ETA と行先も正しく入力してあることを確認しました。
Roger. I have verified that the ETA and destination have also been entered correctly.

Capt.　了解。
Roger.

Capt.　防波堤通過したら，「とも」，「おもて」，開け。
Passing the breakwater, dismiss the station.

★オールラインズクリア（All lines clear）

ラインがレッコされ水面にラインが浸かっていない状態になったときに，このように報告します。まだであればノットクリアと報告します。

★クラッチ（Clutch）

クラッチとは，主機の回転をプロペラに伝達する装置のことです。クラッチがある船舶は，通常，「とも」のラインが全てクリアになってから，クラッチをオンにします。これはラインがプロペラに巻き込むのを防止するための安全対策です。

★開け

部署は「開け」という命令をもって解除となります。主に防波堤を過ぎた場合など，安全な場所まで移動した場合に解除となります。「おもて」部署はいつでも錨を打つことができるように準備しておかなければなりませんが，この命令をもって錨を収納し部署を開くことになります。

1.5　航海日誌（ログブック）の記入（Log book writing）

航海日誌（図 1.61）は船舶の運航に関する様々な記録を書き記すもので，公式な記録として取り扱われるため，間違いのないように記述する必要があります。

なお，航海日誌の記載に役立つ略記・略号は，Appendix 1.14 を参照してください。

図 1.61　航海日誌

＜出港時＞

1410　Carried out the trial of steering gears.
　　操舵機の試運転を行った。

1425　Stationed for leaving port.
　　出港部署についた。

1447　Pilot, Capt. M.CHIBA, came on board.
　　パイロット（Capt. M.CHIBA）が乗船した。

1455　S/B eng.
　　機関用意（スタンバイエンジン）。

1457　Took a tug boat KURENAI MARU on her port quarter.
　　タグボート（くれない丸）を左舷船尾にとった。

1500　Let go all shore lines & left Osaka for Southampton.
　　最後の係留索を放し，大阪発，サウサンプトンに向かった。

1501　Slow astern eng. & then used it var'ly.
　　微速後進，のち機関を種々に使った（最初に機関を使用した時刻）。

1505　Stop'd eng.
　　機関停止。

1506　Dead slow ah'd eng. & then used ah'd it var'ly.
　　極微速前進，のち機関を種々に使った（航海の目的を持って最初に前進に機関を使用した時刻：航進時間の始まり）。

1513　Cast off (Let go) the tug boat.

タグボートを放した。

1515　Pilot left her.

パイロットが下船した。

1525　Full ah'd eng.

最後に前進全速とした時刻。

1528　Dismissed the station.

部署解除。

1530　R/up eng.

ラングアップエンジンとした時刻。

★航進時間

出港時，航海の目的を持って最後に前進に機関を使用し始めたときから，入港の目的を持って最初に機関を停止したときまでの時間です。

★ラングアップエンジン

このまま航進するので，航海速力にするという意味です。

★航海速力

航海時に常用される速力で，最適なエンジン状態を考慮して設定されます。

＜抜錨時＞

0910　Carried out the trial of steering gears.

操舵機の試運転を行った。

0925　Stationed for leaving temp'ry anchorage.

部署発令。

0953　S/B eng.

機関用意。

0955　Hove up her starb'd anchor & left temp'ly anchorage for Nagasaki.

右舷錨の揚錨を完了し，錨地を離れ名古屋に向かった。

0957　Slow ah'd eng. & then used ah'd it var'ly.

航海の目的を持って最初に前進に機関を使用した時刻（航進時間の始まり）。

1007　Full ah'd eng.

全速前進。

1010　R/up eng. Dismissed the station.

ラングアップエンジン，部署解除。

Appendix

Appendix 1.1　交通のルール

以下に，海上交通において重要な 3 つの法規（海上交通法令）を概説しておきます。

① 海上衝突予防法

日本では「国際海上衝突予防規則」（Convention on the International Regulations for Preventing Collisions at Sea, 1972）に準拠して定められています。

海上における基本的なルールで，2 船間における避航，灯火，形象物及び信号などが規定されています。

② 海上交通安全法

この法規は，船舶交通が輻輳する東京湾，伊勢湾及び瀬戸内海の 3 海域に適用されます。

③ 港則法

港では多数の船舶が出入りし，停泊や荷役を行うことから，特に入出港船が多い港における特別なルールを定めたものです。

Appendix 1.2　方位環と方位鏡

方位環と方位鏡は図 A.1.1 のようにコンパスのボウルの上に置いて使用します。

(a) 方位環　　(b) 方位鏡

図 A.1.1　取り付け方

方位環による方位測定は，図 A.1.2 の奥側の見通しから手前の見通しのワイヤーを見透して物標の方位を測定しますが，太陽の場合は，赤色の線で示すように太陽の像を左側の反射鏡とプリズムを使ってコンパスの目盛上に落として測定します。

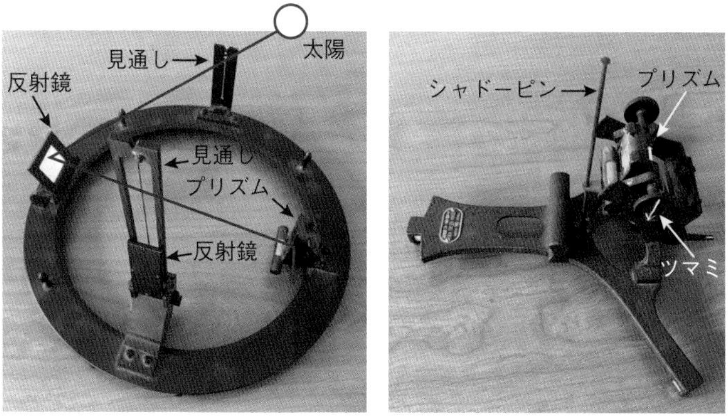

図 A.1.2　構造

また，方位環には，図 A.1.3 のようなタイプもあり，これはシャドーピンの代わりに細いワイヤーで物標を見透すもので，ワイヤーをピンと張るために頂部に締めネジがあり，また左右に傾かないように気泡水準器をもっています。気泡水準器でボウルを水平，すなわちワイヤーを垂直に保ちながら方位をとることができます。

図 A.1.3　方位環

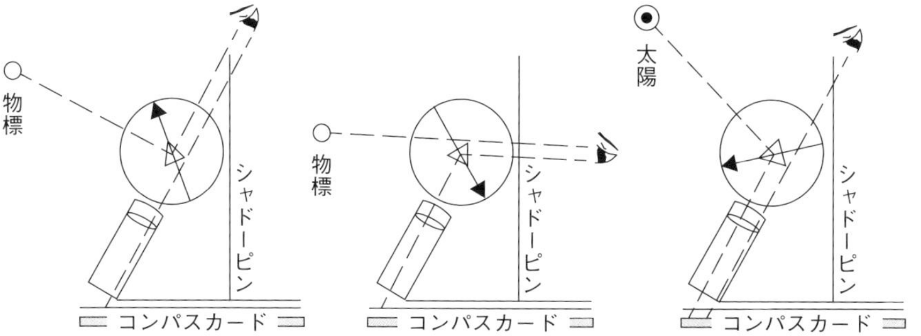

(a) 第 1 法（Arrow up）　(b) 第 2 法（Arrow down）　(c) 第 3 法（太陽測定）

図 A.1.4　方位鏡による方位測

方位鏡による方位測定は，測定しようとする物標の高度などによって，その方法が異なります。図 A.1.2 に示すプリズムに取り付けられているツマミの矢印を上下に向けて測定します。その様子を図 A.1.4 に簡単に示しておきます。

Appendix 1.3　磁気コンパスで真針路（方位）を求める

各針路，各方位，偏差及び自差の関係を図 A.1.5 に示します。なお，各名称の意味は以下のとおりです。

C.Co.：コンパス針路（Compass Course）　磁気コンパスで読み取った針路

M.Co.：磁針路（Magnetic Course）　磁気子午線と船首方向との交角

T.Co.：真針路（True Course）　真子午線と船首方向との交角

Dev.：自差（Deviation）　コンパスカードの南北方向と磁気子午線とのなす角

Var.：偏差（Variation）　真子午線と磁気子午線とのなす角

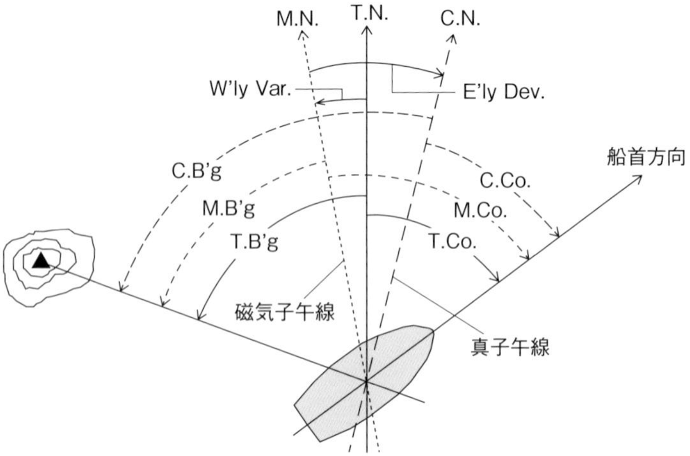

図 A.1.5　真針路（方位），自差，偏差の関係

コンパス針路 C.Co. を真針路 T.Co. に改正するには，図 A.1.5 の関係を使えばよいわけですが，自差や偏差を足せばよいのか引けばよいのか迷ってしまうことがあります。そこで，次のような方法で計算すると便利です。これは方位（Bearing：B'g）についても同じです。

① 針路表示が 360° 方式（275°，056° といった表示）の場合は 90° 方式（N85° W, N56° E といった表示）に表現を改めます。そして，90° 方式の針路について，図 A.1.6 にしたがって符号を付けます。

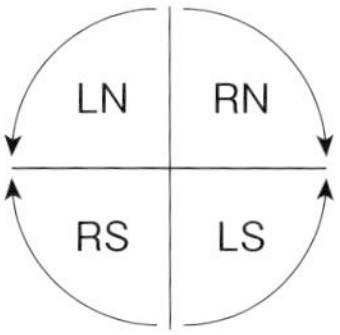

図 A.1.6　記号の付け方

② 自差（Dev.）及び偏差（Var.）に符号を付けます。

偏東（○○° E，○○° E'ly）→ R

偏西（○○° W，○○° W'ly）→ L

③ R または L が同名ならば和，異名ならば差を求め，大きい方の記号を付けます。

計算例：C.Co. S84° E，Var. 18° 45' W，Dev. 9° 10' E のときの T.Co. を求めます。

C.Co.　84° 00' LS
Dev.　 9° 10' R
M.Co.　74° 50' LS
Var.　 18° 45' L
T.Co.　93° 35' LS

Ans.　T.Co. N86° 25'E（086° 25'）

Appendix 1.4　AIS における目的地などの入力

入力方法や日本の各港を表す記号は海上保安庁のホームページで配布されている「AIS の入力コード表」(https://www.kaiho.mlit.go.jp/10kanku/ais-kagoshima/pdf/zenkoku_code.pdf）に詳しく記載されています。

① 目的港を示す記号を AIS の目的地情報欄に入力します（港コード）。

② 必要なときは，目的港の港内･境界付近での進路を示す記号を追加します（港内進路コード）。

③ 必要なときは，経由するルートを示す記号を追加します（経由進路コード）。

>○○　○○○　○○／○○○
（○○　○○○ → ①，○○ → ②，○○○ → ③）

例えば

> JP HKT E2/WM

この船舶は，博多港を目的港とし，博多港内では第 2 区の係留施設へ向かい，途中，関門港を西口の六《む》連《つれ》島《じま》東方に向かって同港を通過する船舶を意味します。

Appendix 1.5　対地速力と対水速力

電磁ログは，海水に対する速力，すなわち対水速力（Log speed）を測ります。一方，ドップラソナーは大陸棚のような水深 200m 程度であれば，陸地に対する速力, すなわち対地速力（OG（Over the Ground）speed）を測ることができます。それ以上の水深では，対水速力を測ります。

対地速力と対水速力の関係は次のようになります（図 A.1.7）。

- 海潮流（海水の流れ）がないときは

　　「対水速力」=「対地速力」

- 順流（船舶の進路と海潮流の方向が同じ）のときは

　　「対地速力」=「対水速力」+「海潮流の流速」

- 逆流（船舶の進路と海潮流の方向が反対）のときは

　　「対地速力」=「対水速力」−「海潮流の流速」

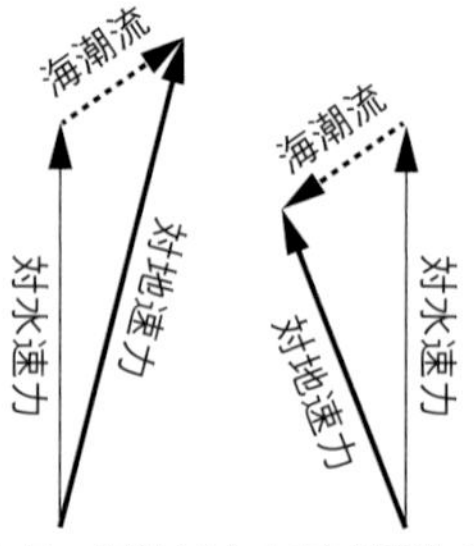

図 A.1.7　対地速力と対水速力の関係

Appendix 1.6　コースレコーダーの記録紙のセット方法

コースレコーダーの記録紙をセットする場合の注意点としては，スムーズに紙送りがなされるように，箱から出したら，片側を持ってしっかりとさばくことがコツです（図 A.1.8(a)）。記録紙の端はカットされていますが，あらためて三角に大きめに切って差し込むと容易に取り付けられます（図 A.1.8(b)，(c)）。

(a) 記録紙をさばく

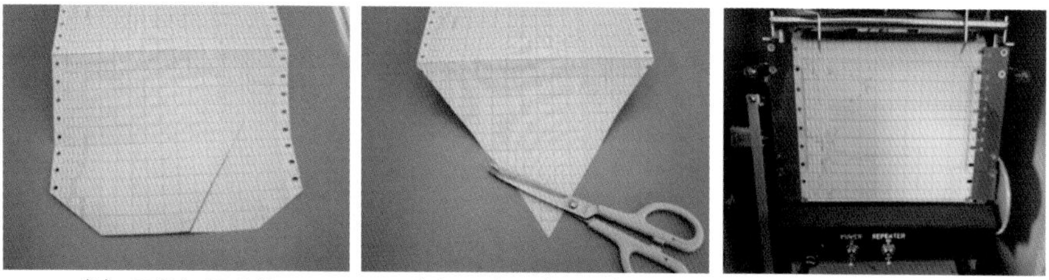

(b) 三角に切る前　(c) 三角に大きく切る　(d) 記録紙をセット

図 A.1.8　コースレコーダーの記録紙セット

Appendix 1.7　航海灯

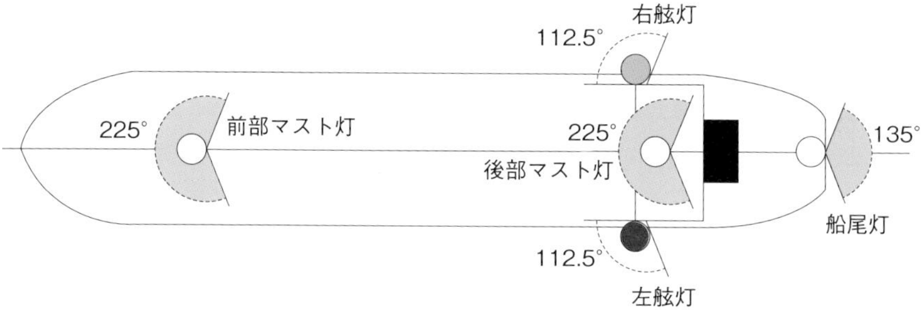

(a) 航海灯（長さ 50m 以上の船舶）

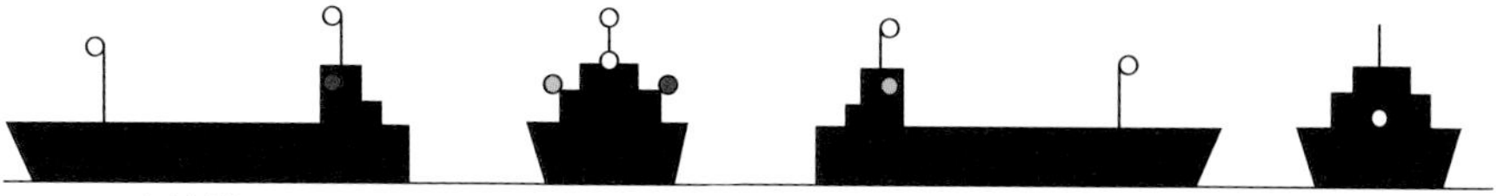

左舷側から　前から　右舷側から　後ろから

(b) 航海灯の見え方

図 A.1.9　航海灯

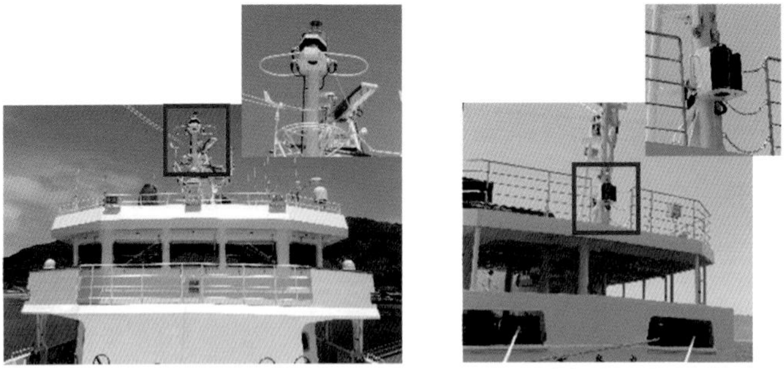

(a) マスト灯　　(b) 船尾灯

図 A.1.10　実際の航海灯の例

Appendix 1.8　GMDSS

(1) GMDSS の概要

GMDSS（Global Maritime Distress and Safety System，海上における遭難及び安全に関する世界的な制度）は，世界中の海域を航行する船舶が，いつでも，どこでも，直ちに陸・海・空の捜索救助機関や付近を航行する船舶と遭難・安全に関する通信を円滑に行うため船舶，衛星，陸上の施設を含む衛星系，地上系の総合的な通信システムです（図 A.1.11）。

対象となる船舶は，SOLAS 条約（International Convention for the Safety of Life at Sea, 1974, 1974 年の海上における人命の安全のための国際条約）において，「全ての客船及び総トン数 300 トン以上の貨物船に適用する」となっていますが，日本では，船舶の航行の安全性を一層高めるために，沿岸を航行する一部の船舶を除き，基本的に GMDSS 無線設備を設置することとなっています。

機能としては以下のとおりで，航行区域別に搭載設備などが決められています。

① 救助を求めるための遭難通報（Alerting）の送受信

② RCC（Rescue Coordination Centre，救助調整本部），救助船，付近航行船舶などの相互間で行う SAR（Search and Rescue，捜索救助業務）調整のための通信…捜索救助調整通信

③ 遭難現場での救助作業通信…現場通信

④ 救助船が遭難船または生存艇に到達するために遭難船・生存艇が発する位置表示信号の送信

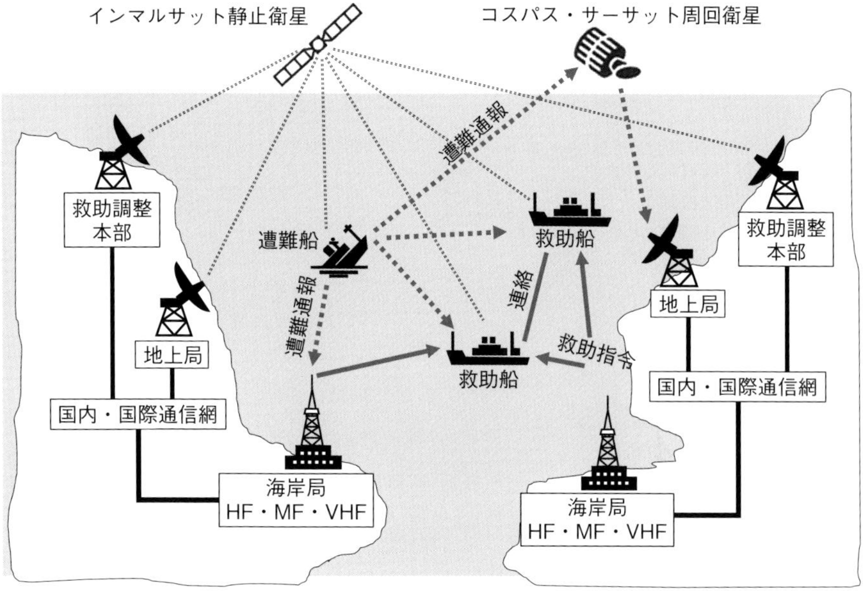

図 A.1.11　GMDSS の概念

⑤　航行警報，気象警報など（海上安全情報）の送受信

⑥　港務通信，交通管制通信などの船舶の運航に関する一般通信

⑦　その他，衝突防止などのため船舶間で行う船橋対船橋通信など

用いられる通信システムには，以下のようなものがあります。

①　地上通信

ⓐ　中波（MF）無線電話

ⓑ　短波（HF）無線電話

ⓒ　VHF

ⓓ　双方向無線電話

ⓔ　デジタル選択呼び出し（DSC）

ⓕ　狭帯域直接印刷電信（NBDP）

ⓖ　NAVTEX

ⓗ　レーダートランスポンダ（SART）

②　衛星通信

＜利用衛星＞

ⓐ　インマルサット

ⓑ　コスパス（COSPAS：Cosmicheskaya Systyema Poiska Aariynyich Sudov, 緊急船舶探査宇宙システム）／サーサット（SARSAT：Search and Rescue Satellite Aided Tracking, 捜索救難衛星補完式追跡システム）

＜船上設備＞

ⓐ　インマルサット船舶地球局

ⓑ　衛星 EPIRB

（2）海難時の通信

① 衛星 EPIRB

EPIRB（図 1.45）は，万が一の船舶の突然の転覆などの際に，海中 4m 以下まで沈むとその水圧を感知して，船舶から自動的に離脱し，海上に浮上して自動的に遭難信号が送信されるように設計されています。もちろん退船まで時間的に余裕がある場合には，それを取り外して手でスイッチを入れることもできます。

② SART

SART《サート》（Search And Rescue (radar) Transponder，捜索救助用レーダートランスポンダ）（図 A.1.12）は，通常船橋内に設置し，遭難時に救命艇や救命いかだに持ち込みます。電源を入れると，救助にきた航空機や船舶からのレーダー

図 A.1.12　SART

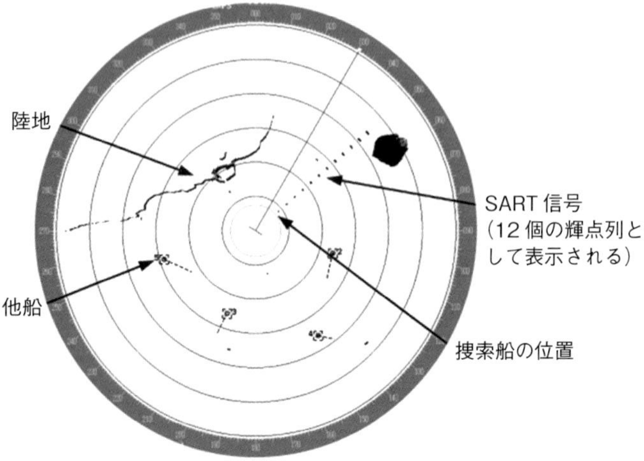

図 A.1.13　SART 信号の表示例（提供：JRC）

電波に応答して，電波を発射します。救命艇に取り付けておくこともできますし，フロートフリー（船舶が沈んだ場合，海上に浮上して自動的に動作を始める）で動作させることもできます。図 A.1.13 のように，救助にきた船舶のレーダー画面上に遭難者の位置が表示されます。

③ DSC・NBDP

中短波（中波と短波にまたがった周波数帯，中距離通信用）・短波帯（長距離通信用）の無線設備で通信に使用されるものには，DSC，NBDP 及び無線電話 があります。

DSC（Digital Selective Calling，デジタル選択呼び出し）は簡単な操作で遭難警報を発信したり，船舶を特定して呼び出す機能を備えています。

NBDP（Narrow Band Direct Printing，狭帯域直接印刷電信）は，送信者と受信者がそれぞれキーボードを操作することにより双方向通信を行うための装置です。ただし海上保安庁は，その使用実績がほとんどないことから中波帯の NBDP の運用を停止しています。

④ 双方向無線電話

1.2(11)参照

（3）海上安全情報等の通信

① NAVTEX

NAVTEX は，沿岸から約 300 マイルまでの船舶に対して，航行警報などの海上安全情報（MSI：Maritime Safety Information）を英語または日本語の自動印字により提供するシステムです。

② インマルサット EGC

インマルサット EGC は，陸上からインマルサット静止衛星を経由して，遠洋を航行する船舶に対してメッセージを送るシステムです。海上安全情報（航行警報，気象警報，気象予報，その他の緊急安全関係通報）を自動印字により提供するシステムで，全ての船舶を対象とするだけでなく，特定の船舶や海域を対象とすることもできます。

③ VHF

一般業務用に使われる通信手段ですが，沿岸を航行する船舶に対して海上安全情報を提供するシステムでもあります。

Appendix 1.9　主な乗組員の職名と日本語での呼称（例）

船長	Capt.（Captain or Master）	キャプテン
一等航海士	C/O（Chief Officer）	チョッサー
二等航海士	2/O（Second Officer）	セコンドオフィサー
三等航海士	3/O（Third Officer）	サードオフィサー
機関長	C/E（Chief Engineer）	チェンジャー
一等機関士	1/E（First Engineer）	ファーストエンジニア
二等機関士	2/E（Second Engineer）	セカンドエンジニア
三等機関士	3/E（Third Engineer）	サードエンジニア
通信長	C/R（Chief Radio Officer）	局長
甲板長	Bos'n（Boatswain）	ボースン
操舵手／甲板手	Q/M（Quartermaster）	クォーターマスター
甲板員	Sailor	セイラー
操機長	No.1 Oiler/Fitter	ナンバン
操機手	Oiler	オイラー
機関員／操機員	Fire man/Wiper	ワイパー
事務長	Purser	パーサー
司厨《しちゅう》長	Chief Cock	チーフコック
調理手	Cook	コック
司厨員	Mess Man/Boy	メスマン

Appendix 1.10　喫水の読み方

喫水（Draft，ドラフト）は船首，船尾，中央の左右を読み取って排水量計算に用いられます。この際，中央部には満載喫水線がありこれを超えないように，貨物などの積み付けを行う必要があります。数字の下辺がその喫水の読み値となり，上辺は＋10cm となり，図 A.1.14 の場合の喫水は 2m90cm となります。

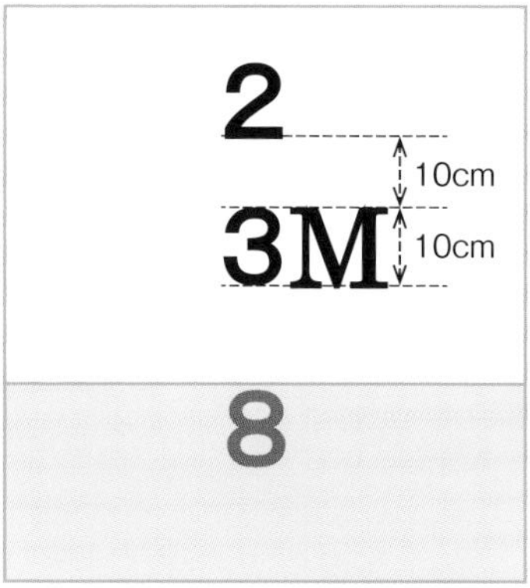

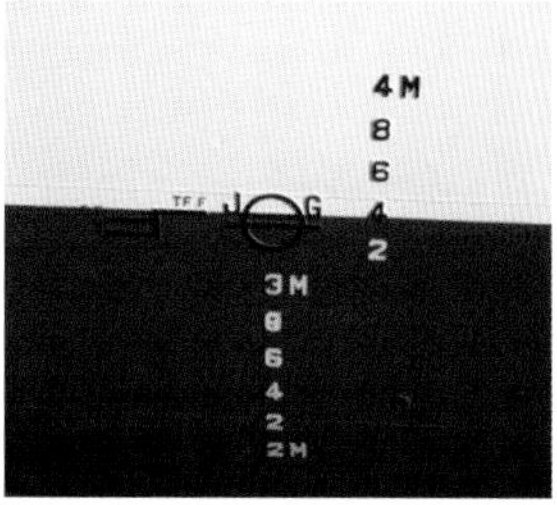

満載喫水線と喫水マーク
JG　船級
TF.F　熱帯淡水満載喫水線
S.F　夏季淡水満載喫水線
W　冬季満載喫水線

図 A.1.14　喫水の計測

Appendix 1.11　コンディション計算

以下に示す測定と計算などを行いますが，船舶によって異なります。

① 各所喫水（船首，船尾，中央の両舷 2 箇所，計 6 箇所）の測定
② 海水比重の測定
③ 各タンクの状況（タンク残量）及び貨物の測定
④ 船体総重量の計算
⑤ 重心位置などの計算
⑥ 排水量の計算
⑦ トリム（船舶の前後方向の傾きで，船首喫水と船尾喫水との差）などの計算
⑧ 復原力（GM）の計算
⑨ 横傾斜の計算

コンディションレポート（図 A.1.15）は，ドックマスター（造船所の船長）やハーバーマスター（港長）に渡したり，ときには代理店などに提出することもあります。

また，パイロットにとっては，UKC（Under Keel Clearance，船底から海底までの間隙）や AD（Air Draft，海面上から船舶の最高部までの高さ）が重要な情報になるため，測定しておく必要があります。

Name of Port: ______________________ Date: ______________________

Berth No.: ______________________ Voy. No.: ______________________

☐ **ARRIVAL** ☑ **DEPARTURE** ☐ **SHIFTING**

CONDITION REPORT

DRAFT			
	DEPT		ARR
S.G			
FWD			
AFT			
MEAN			
TRIM			
GoM			
Displmnt			mt
CARGO / BUNKER / LO / FW ROB			
Cargo	mt		units
VLSFO			mt
LSMGO			mt
Cyl oil M/E			ltrs
Sys oil M/E			
Sys oil G/E			
F.W.			mt
B.W.			mt
CARGO / ANCHORING OPERATION			
Com'ced			
Completed			
Gear Box Pos			
Anchored			
Anchor up			
Anchor Pos			
Bunker ROB at Pilot Stn			
HSFO	mt	LSMGO	mt
Bunker ROB at R/Up Eng			
HSFO	mt	LSMGO	mt
UKC			

: **S/B ENG**			
HARBOUR	**SEA**		**RIVER**
: POB			
: BOWTHRUSTER **ON**			
: TOOK TUG(F)			(A)
: **LAST LINES**			
:			
: TUG OFF(F)			(A)
: BOWTHRUSTER **OFF**			
:			
: PILOT OFF			
: **SOSP (R/UP ENG)**			
Pos'n at p/stn:			
POSITION at SOSP/EOSP:	Lat.		
	Long.		
REPLENISHMENT			
HSFO	mt	LSMGO	mt
Cyl Oil M/E			ltrs
Sys Oil M/E			ltrs
Sys Oil G/E			ltrs
FW	mt	TTL LO	ltrs
BUNKERING TIME			
	HSFO	LSMGO	
B/B Along			
Hose on			
Started			
Finished			
Hose off			
B/B off			
Started taking F/W			
Finished taking F/W			

図 A.1.15 コンディションレポートの例

【GM について】（図 A.1.16）

船舶が垂直の場合は，船体中心線上に重心Gと浮心Bがあり，重力（鉛直下向き）と浮力（鉛直上向き）は同一線上にあり安定しています。しかし，船舶が傾くと，浮心Bは傾いた方向に移動するため浮力は船体中心線上からずれ，船舶を元の安定した状態に戻そうします。この力を復原力といいます。

浮力と船体中心線との交点を横メタセンタMといいます。重心Gと横メタセンタMの距離をGM（メタセンタ高さ）といいます。そして，GMの距離が長ければ復原力は強く，逆に短ければ復原力は弱くなります。

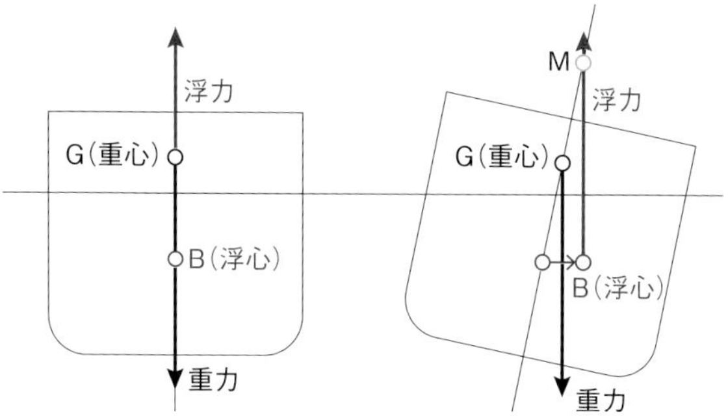

図 A.1.16　GM と浮心の関係

GM ＞ 0：M が G の上方にある場合は，船体が傾いても復原力が働く安定な状態といえます。

GM ＜ 0：M が G の下方にある場合は，船体が傾くとより傾ける力が働く不安定な状態といえます。すなわち，いつ転覆してもおかしくない状態といえます。

GM ＝ 0：M が G と重なる場合は，船体が傾いても復原力と傾ける力の両方とも働かないので，傾いたままの状態になるといえます。

Appendix 1.12 潮汐・潮流の計算例

潮汐及び潮流の算出には，潮汐表（図 A.1.17）を使います。

① 三原瀬戸及び付近の忠海における某月某日の潮時・潮高を求めます。

ⓐ 標準港である尾道の潮汐を調べます。

尾　道

某　月			
	時　刻 Time		潮高 Ht.
	h	m	cm
某日	05	05	-8
	11	48	359
	17	50	92
	23	23	314

図 A.1.17 潮汐表

ⓑ 潮汐の改正数を調べます。ここで必要になるのは，潮時差，潮高比，平均水面 Z_0 です。

潮時差：標準港の潮時から任意の地の潮時を求める改正数です。

任意の地の潮時＝標準港の潮時±潮時差

潮高比：標準港の潮高から任意の地の潮高を求める改正数です。

任意の地の潮高＝(標準港の潮高−標準港の Z_0)×潮高比＋任意の地の Z_0

番号 No.	地名 Place		改正数 Corr. 潮時差 Diff.	改正数 Corr. 潮高比 Ratio	平均水面 MSL (Z_0)
	三原瀬戸及び付近 MIHARA SETO AND APPROACHES				
363	**尾　道**	**Onomichi**	0 0	1.00	2.00
364	糸　崎	Itozaki	− 0 10	1.00	2.00
365	江之浦｛布刈瀬戸｝	Enoura	＋ 0 15	0.97	2.00
366	小佐木島	Ko-Sagi Shima	− 0 5	0.96	2.00
☆367	忠　海	Tadanoumi	− 0 40	1.03	2.00

ⓒ 忠海（☆）での潮時を求めます。

	高潮	低潮	高潮	低潮
標準港の潮時	11^h 48^m	05^h 05^m	23^h 23^m	17^h 50^m
＋）潮時差	－ 40^m	－ 40^m	－ 40^m	－ 40^m
忠海の潮時	11 08	04 25	22 43	17 10

ⓓ 忠海での潮高を求めます。

標準港の潮高	359^{cm}	-8^{cm}	314^{cm}	92^{cm}
－）標準港の Z_0	200	200	200	200
	159	－208	114	－108
×）潮高比	164	1.03	1.03	1.03
	164	－214	117	－111
＋）忠海の Z_0	200	200	200	200
忠海の潮高	364	－14	317	89

② 明石海峡セメント磯付近の某月某日の転流時・最強時及び流速を求めます。

ⓐ 標準地点である明石海峡の潮流を調べます。ここでは，＋が西北西流，－が東南東流です。

ⓑ 潮流の改正数を調べます。ここで必要になるのは，潮時差と流速比です。

明　石　海　峡　＋：西北西流　－：東南東流

某月	転流時 Slack	最強 Maximum	
	h m	h m	kn
某日	01 39	05 34	＋4.7
	09 26	12 34	－2.7
	16 12	17 52	＋0.8
	19 30	23 24	－3.4

潮　　流　　　　（標準時　S.T.：9hE.）

番号 No.	場　所 Place	流向（真方位） Dir. (True)	潮時差 Diff. 転流時 Slack	潮時差 Diff. 最強時 Max.	流速比 Ratio	大潮期の流速 Spring Vel. 平均 Mean	大潮期の流速 Spring Vel. 最強 Max.
		°	h m	h m		kn	kn
1235	セメント磯付近	300	－1 35	－1 5	0.3	1.8	2.1
		138	－0 35	－1 5	0.3	1.1	1.3

ⓒ　セメント磯付近の転流時を求めます。

	西北西流	東南東流	西北西流	東南東流
標準地点の転流時	$01^h\ 39^m$	$09^h\ 26^m$	$16^h\ 12^m$	$19^h\ 30^m$
+）潮時差	−1　35	−0　35	−1　35	−0　40
セメント磯付近の転流時	01　04	08　51	14　37	18　55

ⓓ　セメント磯付近の最強時を求めます。

標準地点の最強時	$05^h\ 34^m$	$12^h\ 34^m$	$17^h\ 52^m$	$23^h\ 24^m$
+）潮時差	−1　05	−1　05	−1　05	−1　05
セメント磯付近の最強時	04　29	11　29	16　47	22　19

ⓔ　セメント磯付近の最強流速を求めます。

標準地点の最強流速	4.7^{kn}	2.7^{kn}	0.8^{kn}	3.4^{kn}
+）流速比	0.3	0.2	0.3	0.3
セメント磯付近の最強流速	1.4	0.8	0.2	1.0

③　東京における某月某日 20^h00^m の潮高を求めます。

ⓐ　東京における某月某日の潮汐を調べます。

ⓑ　20^h00^m（求める時刻）の前後における高低潮時の差をA，低潮時から求める時刻までの時間をBとして，「任意時の潮高を求める表」から表の値を求めます。

某　月			
	時　刻		潮高
	Time		Ht.
	h	m	cm
某日	06	25	183
	11	32	99
	17	01	189
	23	58	1

＊1 高低潮時の差が8時間以上ある場合はA及びBをそれぞれ$\frac{1}{2}$することで，高低潮時の差が4時間以下の場合はA及びBをそれぞれ2倍することで表の値にします。ただし，誤差は相当大きくなります。

＊2 表値は $\frac{1}{2}-\frac{1}{2}\cos\left(\pi\frac{B}{A}\right)$ で求めることができます。

任意時の潮高を求める表

A：相次ぐ高低潮時の差　　B：低潮時からの時間

A＼B h		0				1				2				3			
	m	0	15	30	45	0	15	30	45	0	15	30	45	0	15	30	45
h	m																
4	0	0.00	0.01	0.04	0.08	0.15	0.22	0.31	0.40	0.50	0.60	0.69	0.78	0.85	0.92	0.96	0.99
	10	0.00	0.01	0.04	0.08	0.14	0.21	0.29	0.38	0.47	0.56	0.65	0.74	0.82	0.89	0.94	0.98
	20	0.00	0.01	0.03	0.07	0.13	0.19	0.27	0.35	0.44	0.53	0.62	0.71	0.78	0.85	0.91	0.96
	30	0.00	0.01	0.03	0.07	0.12	0.18	0.25	0.33	0.41	0.50	0.59	0.67	0.75	0.82	0.88	0.93
	40	0.00	0.01	0.03	0.06	0.11	0.17	0.23	0.31	0.39	0.47	0.56	0.64	0.72	0.79	0.85	0.91
	50	0.00	0.01	0.03	0.06	0.10	0.16	0.22	0.29	0.37	0.45	0.53	0.61	0.69	0.76	0.82	0.88
5	0	0.00	0.01	0.02	0.05	0.10	0.15	0.21	0.27	0.35	0.42	0.50	0.58	0.65	0.73	0.79	0.85
	10	0.00	0.01	0.02	0.05	0.09	0.14	0.19	0.26	0.33	0.40	0.47	0.55	0.63	0.70	0.76	0.83
	20	0.00	0.01	0.02	0.05	0.08	0.13	0.18	0.24	0.31	0.38	0.45	0.52	0.60	0.67	0.74	0.80
	30	0.00	0.01	0.02	0.05	0.08	0.12	0.17	0.23	0.29	0.36	0.43	0.50	0.57	0.64	0.71	0.77
	40	0.00	0.00	0.02	0.04	0.07	0.12	0.16	0.22	0.28	0.34	0.41	0.48	0.55	0.61	0.68	0.74
	50	0.00	0.00	0.02	0.04	0.07	0.11	0.15	0.21	0.26	0.32	0.39	0.46	0.52	0.59	0.65	0.72
6	0	0.00	0.00	0.02	0.04	0.07	0.10	0.15	0.20	0.25	0.31	0.37	0.43	0.50	0.57	0.63	0.69
	10	0.00	0.00	0.02	0.04	0.06	0.10	0.14	0.19	0.24	0.29	0.35	0.42	0.48	0.54	0.61	0.67
	20	0.00	0.00	0.02	0.03	0.06	0.09	0.13	0.18	0.23	0.28	0.34	0.40	0.46	0.52	0.58	0.64
	30	0.00	0.00	0.01	0.03	0.06	0.09	0.13	0.17	0.22	0.27	0.32	0.38	0.44	0.50	0.56	0.62
	40	0.00	0.00	0.01	0.03	0.05	0.08	0.12	0.16	0.21	0.26	0.31	0.36	0.42	0.48	0.54	0.60
	50	0.00	0.00	0.01	0.03	0.05	0.08	0.11	0.15	0.20	0.24	0.30	0.35	0.40	0.46	0.52	0.58
7	0	0.00	0.00	0.01	0.03	0.05	0.08	0.11	0.15	0.19	0.23	0.28	0.33	0.39	0.44	0.50	0.56
	10	0.00	0.00	0.01	0.03	0.05	0.07	0.10	0.14	0.18	0.22	0.27	0.32	0.37	0.43	0.48	0.54
	20	0.00	0.00	0.01	0.03	0.05	0.07	0.10	0.13	0.17	0.21	0.26	0.31	0.36	0.41	0.46	0.52
	30	0.00	0.00	0.01	0.02	0.04	0.07	0.10	0.13	0.17	0.21	0.25	0.30	0.35	0.40	0.45	0.50
	40	0.00	0.00	0.01	0.02	0.04	0.06	0.09	0.12	0.16	0.20	0.24	0.29	0.33	0.38	0.43	0.48
	50	0.00	0.00	0.01	0.02	0.04	0.06	0.09	0.12	0.15	0.19	0.23	0.27	0.32	0.37	0.42	0.47
8	0	0.00	0.00	0.01	0.02	0.04	0.06	0.08	0.11	0.15	0.18	0.22	0.26	0.31	0.35	0.40	0.45

A：相次ぐ高低潮時の差　　B：低潮時からの時間

A＼B h		4				5				6				7				8
	m	0	15	30	45	0	15	30	45	0	15	30	45	0	15	30	45	0
h	m																	
4	0	1.00																
	10	1.00																
	20	0.99	1.00															
	30	0.97	0.99	1.00														
	40	0.95	0.98	1.00														
	50	0.93	0.96	0.99	1.00													
5	0	0.90	0.95	0.98	0.99	1.00												
	10	0.88	0.92	0.96	0.98	1.00												
	20	0.85	0.90	0.94	0.97	0.99	1.00											
	30	0.83	0.88	0.92	0.95	0.98	0.99	1.00										
	40	0.80	0.85	0.90	0.94	0.97	0.99	1.00										
	50	0.78	0.83	0.88	0.92	0.95	0.98	0.99	1.00									
6	0	0.75	0.80	0.85	0.90	0.93	0.96	0.98	1.00	1.00								
	10	0.73	0.78	0.83	0.88	0.91	0.95	0.97	0.99	1.00								
	20	0.70	0.76	0.81	0.85	0.89	0.93	0.96	0.98	0.99	1.00							
	30	0.68	0.73	0.78	0.83	0.87	0.91	0.94	0.97	0.99	1.00	1.00						
	40	0.65	0.71	0.76	0.81	0.85	0.89	0.93	0.95	0.98	0.99	1.00						
	50	0.63	0.69	0.74	0.79	0.83	0.87	0.91	0.94	0.96	0.98	0.99	1.00					
7	0	0.61	0.67	0.72	0.77	0.81	0.85	0.89	0.92	0.95	0.97	0.99	1.00	1.00				
	10	0.59	0.64	0.70	0.74	0.79	0.83	0.87	0.91	0.94	0.96	0.98	0.99	1.00				
	20	0.57	0.62	0.67	0.72	0.77	0.81	0.85	0.89	0.92	0.95	0.97	0.98	0.99	1.00			
	30	0.55	0.60	0.65	0.70	0.75	0.79	0.83	0.87	0.90	0.93	0.96	0.98	0.99	1.00	1.00		
	40	0.53	0.58	0.63	0.68	0.73	0.77	0.82	0.85	0.89	0.92	0.94	0.97	0.98	0.99	1.00		
	50	0.52	0.57	0.62	0.66	0.71	0.75	0.80	0.84	0.87	0.90	0.93	0.95	0.97	0.99	1.00	1.00	
8	0	0.50	0.55	0.60	0.65	0.69	0.74	0.78	0.82	0.85	0.89	0.92	0.94	0.96	0.98	0.99	1.00	1.00

ⓒ　高低潮の高さの差に表の値を掛けることで，求める時刻における低潮面からの高さを求め，それに低潮の高さに加えることで潮高を求めます。

求める時刻直前の高潮時	17^{h}	01^{m}	
求める時刻直後の低潮時	23^{h}	58^{m}	
高低潮時の差（A）	06	57	→ $7^{h}00^{m}$
求める時刻	20^{h}	00^{m}	
求める時刻前後の低潮時	23^{h}	58^{m}	
高低潮時の差（B）	03	58	→ $4^{h}00^{m}$
表の値	0.61		

高潮の高さ	189cm
−）低潮の高さ	1
高低潮の高さの差	188
×）表の値	0.61
低潮面からの高さ	115
+）低潮の高さ	1
求める時刻の潮高	166cm

④　来島海峡における某月某日 $09^{h}00^{m}$ の流速を求めます。

ⓐ　来島海峡における某月某日の潮流を調べます。ここでは，+が南流，−が北流です。

+：南流　−：北流

	某月				
	転流時 Slack		最強 Maximum		
	h	m	h	m	kn
某日	01	24	04	45	− 7.3
	07	54	11	06	+ 8.6
	14	28	17	32	− 6.4
	20	37	23	23	+ 5.9

ⓑ $20^{h}00^{m}$（求める時刻）の前後における転流時と最強時の差を A，転流時から求める時刻までの時間を B として，「任意時の流速を求める表」から表の値を求めます。

任意時の流速を求める表

A：相次ぐ転流時と最強時の差　　　B：転流時からの時間

B→ A↓	h	0				1				2				3				4
	m	0	15	30	45	0	15	30	45	0	15	30	45	0	15	30	45	0
h	m																	
1	0	0.00	0.38	0.71	0.92	1.00												
	10	0.00	0.33	0.62	0.85	0.97												
	20	0.00	0.29	0.56	0.77	0.92	1.00											
	30	0.00	0.26	0.50	0.71	0.87	0.97	1.00										
	40	0.00	0.23	0.45	0.65	0.81	0.92	0.99										
	50	0.00	0.21	0.42	0.60	0.76	0.88	0.96	1.00									
2	0	0.00	0.20	0.38	0.56	0.71	0.83	0.92	0.98	1.00								
	10	0.00	0.18	0.35	0.52	0.66	0.79	0.89	0.95	0.99								
	20	0.00	0.17	0.33	0.48	0.62	0.75	0.85	0.92	0.97	1.00							
	30	0.00	0.16	0.31	0.45	0.59	0.71	0.81	0.89	0.95	0.99	1.00						
	40	0.00	0.15	0.29	0.43	0.56	0.67	0.77	0.86	0.92	0.97	1.00						
	50	0.00	0.14	0.27	0.40	0.53	0.64	0.74	0.82	0.90	0.95	0.98	1.00					
3	0	0.00	0.13	0.26	0.38	0.50	0.61	0.71	0.79	0.87	0.92	0.97	0.99	1.00				
	10	0.00	0.12	0.25	0.36	0.48	0.58	0.68	0.76	0.84	0.90	0.95	0.98	1.00				
	20	0.00	0.12	0.23	0.35	0.45	0.56	0.65	0.73	0.81	0.87	0.92	0.96	0.99	1.00			
	30	0.00	0.11	0.22	0.33	0.43	0.53	0.62	0.71	0.78	0.85	0.90	0.94	0.97	0.99	1.00		
	40	0.00	0.11	0.21	0.32	0.42	0.51	0.60	0.68	0.76	0.82	0.88	0.92	0.96	0.98	1.00		
	50	0.00	0.10	0.20	0.30	0.40	0.49	0.58	0.66	0.73	0.80	0.85	0.90	0.94	0.97	0.99	1.00	
4	0	0.00	0.10	0.20	0.29	0.38	0.47	0.56	0.63	0.71	0.77	0.83	0.88	0.92	0.96	0.98	1.00	1.00

この場合，$20^{h}00^{m}$ の直前に転流時，直後に最強時がありますが，求める時刻によっては，直前に最強時，直後に転流時として A を求めます。

＊1 転流時と最強時の差が 4 時間以上ある場合は A 及び B をそれぞれ $\frac{1}{2}$ することで表の値にします。ただし，誤差は相当大きくなります。

＊2 表値は $\sin\left(\frac{\pi}{2}\frac{B}{A}\right)$ で求めることができます。

求める時刻直前の転流時	07^{h}	54^{m}
求める時刻直後の最強時	11^{h}	06^{m}
潮時差（A）	03	12 → 192^{m}

求める時刻	09^{h}	00^{m}
転流時	07^{h}	54^{m}
潮時差（B）	01	06 → 66^{m}

	最強流速	+8.6kn
×）	表の値	0.51 ← $\sin\left(\frac{\pi}{2}\frac{66}{192}\right)$ ＊2
	求める時刻の流速	+4.4kn

Appendix 1.13 ETA（入港予定日）計算

目的地までの距離を求め，予定航走速力から計算します。

例）目的地まで 300 マイル，速力 15 ノットで出港時刻を 10 時 00 分とすると
300÷15＝20 時間で，10＋20＝翌日の 06 時が ETA となります。

Appendix 1.14 航海日誌で役立つ略記・略号

（1）天気記号

記号	天候		判断指針
b	Fine, Blue sky	快晴	雲量 0 ～ 2
bc	Fine (Partly) cloudy	半晴	雲量 3 ～ 7
c	Cloudy	曇	雲量 8 以上
o	Overcast	本曇	雲の隙間なし
d	Drizzling or fine rain	霧雨	極めて多数の微少な水滴が一様に降る
f	Fog	霧	極小さな水滴で空中に浮いているように見え，視程 3（1/2 海里）以下
h	Hail	ひょう	
l	Lightning	電光	
m	Mist	もや	霧の粒より小さい水滴で，視程 4（1 海里）以上
p	Passing shower	しゅう雨	
q	Squalls	疾風（スコール）	
r	Rain	雨	
s	Snow	雪	
t	Thunder	雷鳴	
u	Ugly weather	険悪な天候	
w	Dew	露	

(2) ビューフォート風力階級(その海域で吹いている風によって生じる波)

風力階級	名称	風速	海面の様子
0	静穏（せいおん） Calm	0 ～ 0.2m/s 0knot	水面は鏡のように穏やか。
1	至軽風（しけいふう） Light air	0.3 ～ 1.5m/s 1 ～ 3knot	魚のうろこのようなさざ波が立つ。
2	軽風（けいふう） Light breeze	1.6 ～ 3.3m/s 4 ～ 6knot	はっきりしたさざ波が立つ。
3	軟風（なんぷう） Gentle breeze	3.4 ～ 5.4m/s 7 ～ 10knot	波頭が砕ける。 白波が現れ始める。
4	和風（わふう） Moderate breeze	5.5 ～ 7.9m/s 11 ～ 16knot	小さな波が立つ。 白波が増える。
5	疾風（しっぷう） Fresh breeze	8.0 ～ 10.7m/s 17 ～ 21knot	水面に波頭が立つ。
6	雄風（ゆうふう） Strong breeze	10.8 ～ 13.8m/s 22 ～ 27knot	白く泡立った波頭が広がる。
7	強風（きょうふう） High wind	13.9 ～ 17.1m/s 28 ～ 33knot	波頭が砕けて白い泡が風に吹き流される。
8	疾強風（しっきょうふう） Gale	17.2 ～ 20.7m/s 34 ～ 40knot	大波のやや小さいもの。 波頭が砕けて水煙となり，泡は筋を引いて吹き流される。
9	大強風（だいきょうふう） Strong gale	20.8 ～ 24.4m/s 41 ～ 47knot	大波。 泡が筋を引く。 波頭が崩れて逆巻き始める。
10	全強風（ぜんきょうふう） Storm	24.5 ～ 28.4m/s 48 ～ 55knot	のしかかるような大波。 白い泡が筋を引いて海面は白く見え，波は激しく崩れて視界が悪くなる。
11	暴風（ぼうふう） Violent storm	28.5 ～ 32.6m/s 56 ～ 63knot	海面は白い泡ですっかり覆われる。 波頭は風に吹き飛ばされて水煙となり，視界は悪くなる。
12	激風（げきふう） Hurricane	32.7m/s 以上 64knot 以上	大気は泡としぶきに満たされ，海面は完全に白くなる。 視界は非常に悪くなる。

（3）風浪階級

階級	名称	波による海面の状態	波の高さ
0	Calm (Glassy)	鏡のようになめらか	0
1	Calm (Rippled)	さざ波がある	0 ～ 10cm
2	Smooth (Wavelets)	なめらか，小波がある	10 ～ 50cm
3	Slight	やや波がある	50 ～ 1 m25cm
4	Moderate	かなり波がある	1.25 ～ 2.5 m
5	Rough	波がやや高い	2.5 ～ 4m
6	Very rough	波がかなり高い	4 ～ 6m
7	High	相当荒れている	6 ～ 9m
8	Very high	非常に荒れている	9 ～ 14m
9	Phenomenal	異常な状態	14m 以上

（4）うねり階級

うねり階級	名称	うねりの状態	波高
0	No swell	うねりがない	0
1	Low swell, short or average length	短くまたは中くらいのうねり	2m 未満
2	Low swell, long	長く弱いうねり	
3	Moderate swell, short	短くやや高いうねり	2 ～ 4m
4	Moderate swell, average length	中くらいのやや高いうねり	
5	Moderate swell, long	長くやや高いうねり	
6	Heavy swell, short	短く高いうねり	4m 以上
7	Heavy swell, average length	中くらいの高いうねり	
8	Heavy swell, long	長く高いうねり	
9	Confused swell	2 方向以上からうねりがきて，海上が混乱している場合	

（注）短　く：波長 100m 未満，周期 8.0 秒以下
中位の：波長 100 ～ 200m，周期 8.1 ～ 11.3 秒
長　く：波長 200m 以上，周期 11.4 秒以上

(5) 視程表

階級	霧の状態		視認可能距離
0	濃霧	Dense fog	50m 未満
1	霧厚し	Thick fog	50 ～ 200m
2	霧	Fog	200 ～ 500m
3	霧軽し	Moderate fog	500m ～ 1km
4	薄霧	Thin fog or Mist	1 ～ 2km
5	透明度不良	Visibility poor	2 ～ 4km
6	透明度やや良し	Visibility moderate	4 ～ 10km
7	透明度良	Visibility good	10 ～ 20km
8	透明度はんはだ良し	Visibility very good	20 ～ 50km
9	透明度ことに良し	Visibility exceptional	50km 以上

(6) 主な略語，略号

略語・略号	意味	
ab'm	abeam	正横に
a/co	altered course	変針した
ah'd	ahead	前方に
br'ze	breeze	微風
b'y	buoy	浮標
Capt.	Captain	船長
com'ced	commenced	始業した
dep.	departure	東西距
dev.	deviation	自差
dist.	distance	距離
d'k	deck	甲板
do	ditto	同上
D.R.	dead reckoning	推測の
Err.	error	誤差
F.O.	fuel oil	燃料油

fo'c's'le	forecastle	船首楼
F.W.	fresh water	清水
F/W	finished with	終了
$\mathrm{H}^{\underline{a}}$	hana	鼻
I'd	island	島
k't	knot	ノット
L't	light	灯火
$\mathrm{M}^{\underline{i}}$	misaki	岬
mod.	Modrate	穏和な
$\mathrm{M}^{\underline{t}}$	mountain	山
M.N.	midnight	夜半
obs'd	observed	観測した
o'cast	overcast	本曇
p'd	passed	通過した
$\mathrm{P}^{\underline{k}}$	peak	岬，山頂
$\mathrm{P}^{\underline{t}}$	point	点，地点
R/up	rung up	原速持続
$\mathrm{S}^{\underline{i}}$	saki	崎，埼
s/s，s's	shackles	節
starb'd	starboard	スターボード
stop'd	stopped	中止した
temp.	temperature	温度
temp'ly	temporarily	仮に
T.S.	training ship	練習船
var.	various	いろいろの
var'ly	variously	様々に
$\mathrm{W}^{\underline{r}}$	weather	天候，天気
Ya.	yama	山
W/	with	～とともに，～によって

CHAPTER 2

航海当直

2.1　船橋に上がる前に

航海当直は4時間交代ですが，次直者は前直者から引き継ぎを受ける前に準備しておかなければならないことが多くあります。ここでは，航海士の引き継ぎについて順をおって説明します。

(1) 携行品の確認と体調管理

入直《にゅうちょく》する当直者は，当直中必要となる携行品（双眼鏡，サングラス，ペンライト，防寒服など）を確認し，用便も済ませておきます。

周囲の状況確認や夜間における目の暗順応《あんじゅんのう》に必要な時間を考慮して，少なくとも15分前までには船橋に上がります。

なお，船橋に上がる前には体調を確認し（表2.1），異常がある場合は安全な航海当直の妨げになり事故の可能性が増えるため，一等航海士（船舶衛生管理者）に直ちに報告します。

★船舶衛生管理者

国土交通省が管轄する国家資格で，船内の衛生管理に必要な業務を担います。

表2.1　船橋に上がる前のチェックリスト（例）

体調管理	☑
咳，寒気，発熱はあるか？	□
吐き気はあるか？	□
酒気はあるか？	□
眠気はあるか？	□
その他（ケガ・発疹《はっしん》など）	□
暗順応はOKか？	□

(2) アルコールチェック

昨今，海上交通においても，飲酒が原因の事故が発生しています。飲酒後は，体内アルコールにより眠気が生じ，注意力・判断力・警戒心が低下し，事故発生の原因となります。船員法施行規則では，「船長は，航海当直をすべき職務を有する者に対し，酒気帯びの有無について確認を行うとともに，当該者が酒気を帯びていることを確認した場合には，当該者に航海当直を実施させてはならない。」と明記されています。

2.2　航海当直を引き継ぐ前に

船橋に上がった後，以下について確認します。これらの作業は引き継ぎをスムーズにさせるだけでなく，ヒューマンエラー（情報伝達ミス・誤認）を防止することにも役に立ちます。

（1）船位確認

海図上で確認することは，船位を含め以下の内容です。

① 船位（コースラインからの偏位）

② 現在のコースラインと次のコースライン
　チャートのコースラインを過信せず，自分で安全を確認します。

③ 次の変針点までの距離

④ 沿岸航行の場合，顕著な物標（灯台，島など）

⑤ 沿岸航行の場合，針路付近にある危険箇所（浅瀬，暗礁など）
　ノーゴーエリア（No-go area，航行不可能な海域）を明確にしておきます。

⑥ 使用海図の用意
　当直中に使用する海図類をすぐに取り出せるように準備しておきます。

（2）周囲確認

海図で船位確認した後，船橋のおもて側もしくは，ウイングに出て周囲の状況を確認しておく必要があります。この作業も前直者との引き継ぎを円滑にし，ヒューマンエラーを防止する効果があります。そして，以下についても確認しておきます。

① 他船の輻輳状態・見合い関係

② 顕著な物標（灯台・島など。特に船首目標となるもの）

③ 気象情報・海上警報・航海警報など

④ ジャイロコンパスコース，マグネティックコンパスコース

⑤ 警報など（船内，通信機器）

⑥　航法装置（操舵装置，レーダー，ECDIS，AIS など）
⑦　夜間における航海灯の点灯及び信号灯の動作

（3）船長指示の確認

ナイトオーダーブック（1.1 参照）を確認します。入直前に熟読し，理解してから署名します。不明な点があれば前直の航海士あるいは船長に必ず確認します。

（4）引き継ぎ

前直者の当直終了 15 分前までに確認した情報を整理し，交代 5 分前までに要領よく確実に引き継ぎます。

なお引き継ぎは，周囲の状況を十分に把握した後であり，前直者からの引き継ぎ内容に疑問があれば，躊躇《ちゅうちょ》なく何度でも確認します。

そして，次直航海士の「交代しました」という言葉によって当直交代が完了します。

表 2.2　航海当直引き継ぎチェックリスト（例）

＜次直者への報告＞	☑
針路（チャーティッドコース（Charted course），ジャイロコンパスコース，マグネティックコンパスコース）。沿岸航海中に針路の修正を行っている場合は，その内容と理由の説明を加える。	☐
速力・航程。交代時のログ示度（Log reading），4 時間の対水航走距離（Log total）と最後 1 時間の予想対水速力（Log speed），4 時間の対地航走距離（OG total）と最後 1 時間の予想対地速力（OG speed）。	☐
船位。コースラインから左右の偏位量と次の変針点までの距離。	☐
周囲の状況。気象・海象（特に視界の状態），他船の動静，航海計器の情報など。	☐
船長の命令事項。	☐
積荷の状況・行った作業など。	☐
その他，航行警報，各航海計器・灯火の状態，船内の状況など。	☐
当直中に船長への報告が必要な場合	☐
変針点に近付いたとき，または指示されている地点に到着したとき，船位が予定針路から偏位したため変針予定時刻，変針の方法の変更を要するとき，変針したとき。	☐
ジャイロコンパスの誤差，マグネティックコンパスの自差を測定したとき。	☐
著名物標を航過したとき。	☐
信号を受信したとき。	☐
ハッチの開放など保安上重要な作業を行うとき。	☐
その他，気象・海象に関することなど運航上重要な情報を得たとき。	☐

たとえ船長が船橋に上がっていても，この手順が完了しない限り，当直航海士が航海当直の責任を有しています。

当直交代後，前直者は，特に船長が確認もしくは参考のために必要とすると思われる事項についてはメモを添えて船長に報告しに行きます。

表 2.2 は，引き継ぎの際のチェックリスト例です。

★チャーティッドコース（Charted course）

海図に記入されている進路です。

2.3　当直航海士の職務と責任

当直航海士は,自身の当直時間帯において,船舶の安全な運航とその目的に沿った職務を全うしなければなりません。船員の常務としての注意や船長に対する報告義務を怠り,船長の命令に違反し,あるいは臨機の際に適切な措置を取らなかったことなどにより海難が発生した場合，当然，当直航海士の責任が問われます。したがって，当直航海士は，関係法令や船舶の運航上の慣行を熟知し，航海設備や安全設備に精通しておくことが必要です。

Appendix 2.1 に判断ミスなどに関する事例を紹介しているので，ぜひ参考にしてください。

（1）船長への報告

ナイトオーダーブックには，船長への報告事項，報告時期，報告内容について記載されている場合があります。例えば下記のような記載例があります。

Call captain when the visibility decreases below 3 miles.

（視界が 3 マイル以下になったら船長を呼ぶこと。）

Report captain if Socotra Island is in sight of radar.

（レーダーでソコトラ島を視認したら船長に知らせ。）

上記のように報告事項が明確に指示されている場合は，そのとおりに報告します。その他，当直中に船長に報告しなければならない事項については，その船舶特有の報告事項も含めてスタンディングルール(1.1 参照)に記載されているので，全て把握しておかなければなりませんが，基本的に次のような場合には必ず報告します。

①　大洋航海では，陸地や灯台を初認した場合で，その初認距離（D）は，次式で計算できます。

$$D \fallingdotseq 2.083(\sqrt{H}+\sqrt{h})\ \text{(mile)}$$

H：灯高《とうこう》（m）　h：眼高《がんこう》（m）

②　針路上に漁船群や漁網を発見したとき。

③　他船または危険物に異常接近のおそれがあるとき。

④　緊急に避航操船を行った場合。

⑤　気象・海象の急変や，視界不良となったとき。

⑥　船体，機関，航海計器，速力などに異常を感じたとき。

⑦　乗船者の言動や貨物に異常を発見したとき。

⑧　航路の周辺で漂流船，大量の流木，流氷など，航行に支障をきたすか，通報の必要性がある浮遊物を発見したとき。

⑨　外部から遭難信号, 緊急信号など（6.7 参照）, 重要な航行警報など（Appendix 1.8 参照）の信号を受信したとき。

⑩　船長が指示した地点・時刻に達したとき。

⑪　船長の命令を実行することが困難となったとき。

⑫　体調不良などで当直業務に不安を感じたとき。

⑬　船舶輻輳海域で操船に不安を感じたとき。

⑭　船位に不安を感じたとき。

⑮　その他，異常な出来事や当直中に何らかの不安や疑問を感じたとき。

また，船長室などの重要な内線電話番号を記憶しておくことも重要です。緊急時や頻繁に使用する内線電話番号（船長室, ブリッジ, エンジンコントロールルームなど）は，すぐに対応できるように記憶しておきます。船長が自室に不在でも緊急時には，ためらわず船内一斉放送などを行います。

船長コール（報告）は 30 秒遅れるより，30 分早すぎるほうがよいとされています。

★灯台

灯台は，自船の位置を正しく知って安全に航海するための海の道しるべである航路標識の一つです。航路標識には，目に見える光や形を利用した光波標識，電波を利用した電波標識，その他にもあります。

また，灯台の詳細（灯高，灯質（ひかり方），稼働状況など）を記したものに灯台表があり，灯台表第 1 巻（図 2.1）では毎月 2 回（第 2，第 4 金曜日），第 2 巻では毎月 1 回（第 4 金曜日），追加表（PDF ファイル：ダウンロード／無料）が発行されています。

★灯高

平均水面(潮の満ち引きがないと仮定したときの海面)上から，灯台の灯火の中心までの高さです。

★眼高

観測者の海面からの目の高さです。

★視認距離（*D*）

この式は，地理的光達距離といわれるもので，灯台表や海図には，眼高を平均水面上 5 メートルとして計算した数値が使用されています。

図 2.1　灯台表

（2）航海当直中に確認すべき事項

当直航海士は安全最優先で航海を成就《じょうじゅ》させるため，あらゆる危険を予測し未然に対応することが職務です。常に優先順位を意識した行動が求められます。

航海当直中においては，衝突回避動作が最優先であり，見張りや自船の船位の確認，針路・速力の確認も重要です。ここではそれ以外で確認を必要とする事項をあげておきます。

① 各計器類の作動状況

出港前だけでなく，航海当直中においても定期的に各航海計器などの作動状況の確認が必要です。

② 目的港の港内情報の確認

目的港の港内情報，特に風向風速や視界の状況は入港操船や入港可否判断のために重要な情報となります。

③ 各閉鎖装置の状態の確認

発港前に各扉の閉鎖状況を確認することは当然ですが，航海当直中においても，警報装置などにより扉の閉鎖状況を確認することが必要です。

④ 燃料・清水の消費状況の確認

海上において清水は大変貴重です。清水のパイプライン（Pipe line）に漏洩《ろうえい》などが生じていた場合，その復旧が遅れると運航に支障をきたします。日頃から，清水消費量にも注意し，消費が早いときは，その原因を早期に発見するように努めます。

⑤　バラスト水の状況や復原性確認

航海中のバラスト（Ballast）水についてはできる限り排水し，船体重量を軽くすることが望ましいです。しかし，復原性の確保やプロペラレーシング（Propeller racing，プロペラが空中に露《ろ》出《しゅつ》し空転に近い状態になること）対策，トリム調整など，諸々の事情によりバラスト水（海水）を保有することがあります。保有しているバラスト水について，その意味を理解しておく必要があります。

また，復原性が小さくなると，横揺れ周期が長くなります。船体コンディションを体感的に把握することも大切です。なお，通常はヒーリングタンク（Healing tank，船舶の横傾斜を調整するタンク）を使い船体を水平に保ちます。

船外へのバラスト水の排水は条約などで禁止されている海域があることを十分に理解しておく必要があります。

★バラスト

適切な喫水とトリムを調整するための重りで，一般的にはバラスト用のタンクに海水を搭載します。喫水が浅いと，プロペラの一部が水面上に露出して推進器の効率や舵効きを低下させたり，船体の水面上の高さが増すと，風波による影響が大きくなり，船舶が不安定となって危険な状態になります。

★バラスト水管理条約

正式名称は「2004年の船舶のバラスト水及び沈殿《ちんでん》物の規制及び管理のための国際条約（International Convention for the Control and Management of Ships' Ballast Water and Sediments, 2004）」で，環境や人の健康，経済活動に対して有害な水生生物及び病原体の移動を防止することを目的として，船舶のバラスト水及び沈殿物に関する規制及び管理を行うための国際条約です。

⑥　機関室とのコミュニケーション

ⓐ　主機の回転数や警報発生の有無なども確認し，異常や疑問を感じたら当直機関士に連絡します。

ⓑ　荒天時などは，プロペラレーシングなどにも配慮し，必要に応じて運航状況を機関室に連絡します。

ⓒ　視界制限状態や船舶輻輳海域，狭水道通過時などはその旨を機関室に連絡します。

ⓓ　機関トラブルなど緊急時における頻繁《ひんぱん》な電話連絡は，機関士の復旧作業を

妨げることとなるので，必要最低限にすべきです。

ⓔ　ファンネル（Funnel，煙突）からの排気が通常時と異なる場合は，機関室に報告します。

ⓕ　ETA（Appendix 1.13 参照）を変更した場合は，燃料切り替えなどの作業計画に変更が生じるので，その都度，機関室，その他の部署にも連絡が必要です。

★視界制限状態

海上衝突予防法により，霧，もや，降雪，暴風雨，砂あらしその他これらに類する事由により視界が制限されている状態と定義されています。

それでは，ETA 調整の様子を聞いてみましょう。

Capt.	3/O，おはよう！スピードは足りているかな？
3/O	キャプテン，おはようございます。昨夜から風が船首方向に変わり 15 ノットしか出ていません。
Capt.	パイロットステーション（Pilot station，パイロット乗船地点）を 5 時で調整すると，あと何ノット必要かな？
3/O	はい，5 時に調整すると 15.4 ノット必要です。予想では今後もこの風が続きそうです。
Capt.	了解。では，機関室に連絡して，少し回転を上げようか！？
3/O	はい。その方がよいと思います。
Capt.	では，機関室に状況を説明して，回転を上げてくれ。
3/O	了解しました。

⑦　外部との通信

NAVTEX（1.2(11)参照），AIS（1.2(2)参照），FAX，E-mail など，外部から入ってくる情報には重要なものが含まれます。見張りの妨げにならない範囲でこれらの情報についても適宜確認します。また，JASREP など（Appendix 2.2 参照）の船位通報の状況についても把握していなければなりません。

⑧　乗客や乗組員，貨物の状況

荒天時などは，デッキ（Deck，甲板）へ出ることを禁止するなど，必要事項を乗員や乗客に対して周知します。また，移動物の固縛《こばく》（ロープなどで固く縛ること），各部署への注意喚起なども忘れてはなりません。

2.4　見張り

（1）基本事項

見張りは，航海当直で最も重要な責務です。常時，厳重な見張りを行い，周囲の状況確認に努めます。このためには，以下のような準備，配慮，そして注意が必要です。

①　他船の方位及びその相対的方位の変化を船体構造物の適当な見通し線（重視線）やコンパスによって観測し，衝突のおそれを判断します。

②　夜間，灯火を発見した場合は，航海灯を確認し，見合い関係を判断します。

③　見張りで得られた情報は声に出し，船橋内の全員が共有します。

④　見張員（操舵手など）からの報告に対して耳を傾けるよう努めます。船長や航海士の傲慢《ごうまん》な態度は見張員の報告を躊躇《ちゅうちょ》させ，チームワークを妨げます。

⑤　当直業務（船位決定，電話連絡，VHF 対応など）で，やむを得ず見張りを離れる際には，周囲の安全を確認し，できる限り短時間で作業を行うようにします。そして，必ず操舵手に声を掛け，見張りを継続させます。

⑥　見張りや操船を妨げる電話，計器類のアラームについては，周囲の状況など優先順位を十分に考慮して対応します。

⑦　当直中にデスクワークやその他の雑務を行うことは厳禁です。ログブックに必要な事項は，素早くメモしておき，当直交代後にログブックに注記します。

（2）目視による見張り

①　双眼鏡は倍率 7 ～ 8 倍で十分な視野と明るさが得られるものを使用します。

②　双眼鏡は片目ずつ焦点の調整を行います。また，両接眼レンズの幅も眼の瞳《どう》孔《こう》の幅に合わせ最適となるように調整します。

③　見張員の増員時でも，全員がそれぞれ双眼鏡を使用できるよう十分な数を揃《そろ》えておきます。

④　時々，ウイングなどから横方向，後方の追越し船などに対しても見張りを行います。また，本船の構造上，死角が生じることがあるので，立ち位置を変えながら見張りを行います。

⑤　日光の海面反射光，いわゆるサングリッター（Sun glitter，直射日光が海面で正反射して起こるギラギラ）が見張りの妨げとなります。サングラスを有効

に活用します。

⑥　漁船やプレジャーボートなどの小型船舶は波間に隠れたり，白波と同化して発見が困難になることがあります。

⑦　他船だけでなく，漁具や浮流物などの早期発見にも努めます。

⑧　夜間は船橋内の消灯はもちろんのこと，計器類のディマー（Dimmer，明るさを調整する装置）を調整し，見張りの妨げにならない環境を整えます。

⑨　夜間の船橋内でやむを得ず照明が必要となる場合があります。その場合に備えて小型のペンライトなどを携行するとともに，使用時は手で覆うなど必要最低限の光量で使用します。

⑩　窓ガラスが曇らないようにデフロスター（Defroster，曇り止め）やクリアビュースクリーンを有効に活用し，また，潮の付着が視界を妨げないよう，必要に応じて洗浄します。

⑪　船舶の輻輳する海域よりも，船舶交通の少ない大洋上の見張りの方が忍耐力を要します。大洋上であっても注意散漫《さんまん》とならぬよう心掛けます。

（3）レーダーによる見張り

①　レーダーは，あくまでも目視による見張りの補助として利用します。

特に経験の浅い航海士は，レーダーに張り付いたまま見張りをすることがありますが，小物標《ぶっぴょう》（目標になる物）や他船の細かな動きはレーダーで捉えることができないことがあります。

②　自船のレーダーの性能を十分理解し，適切に使用します。

③　レーダーの各調整を適切に行います。

④　レーダーは適切なレンジ（Range，観測範囲）で使用します。

視界や船舶交通の状況に応じて，レンジを切り換えて使用します。2台のレーダーを使用できるときは，広い範囲のレンジと狭い範囲のレンジを使い分けます。

⑤　レーダーに現れる偽像《ぎぞう》に注意します。

レーダーでは実際にないものが映像として現われたり，また著しく異なった状態で現われたりすることがあり，これを偽像といいます。

レーダーで映像を捉えた際には，必ず目視にて確認します。目視にて確認できない場合でも，安易に偽像と判断することなく，継続的に観察します。

また，レーダーには，偽像だけでなく，鳥の群れなども小型船と酷似した映像として現れることがあります。目視で確認できない場合には，迷わずに避航することが必要です。

⑥　適切な運動表示を利用します。

レーダーの表示には，相対運動（RM：Relative Motion）表示と真運動（TM：True Motion）表示があります。使用目的によって，適切な表示で観測します（Appendix 2.3 参照）。

⑦　航跡表示機能の利用

自船のレーダーが，航跡表示機能（Trail，トレイル）を有している場合は，相対運動表示と真運動表示の意味を理解したうえで，この機能を有効に活用することができます。

多数の漁船群の全てを TT で補足することができない場合でも，相対運動表示と航跡表示機能を使うことで，方位変化が容易に確認できます。

レーダーでの探知が難しい浮流物なども，相対運動表示と航跡表示機能を使うことで，進行方向とは反対に流れるように表示できることがあります（真運動表示だと，小さな点として表示されるため，偽像との判別が難しい）。

⑧　TT の活用

TT には，自船・他船の針路・速力を示すベクトルが表示されます。このベクトルの時間を調整することで，自船と他船がいつ，どのポイントで航過《こうか》（航行して通り過ぎること）するか，または追い越すかなどを予測できます。

TT の情報は，ディスプレイ上に数値情報として羅列《られつ》されていますが，他船との衝突のおそれをこれらの数値情報のみで判断するべきではありません。数値情報は見落としや勘違いが生じやすいので，実際に他船の方位変化を目視によって確認し，安全に航過できるか判断します。

（4）AIS の活用

AIS では，他船の船名や目的地の情報などが得られることが大きな利点です。レーダーで探知できない島影に隠れている船舶も探知できる場合もあります。また，海上保安庁から気象警報や注意喚起などのメッセージを受信，表示できます。

しかしながら，AIS の利用においては，以下のような注意が必要であるといわれています。

① AIS を搭載していない小型船があります。

② AIS を搭載している船舶でも, AIS のスイッチを切っていることがあります。自衛艦などは船舶安全法の適用外であり，AIS によって捉えることができないことがあります。

③ AIS 情報が，全て正しいとは限りません。

④ AIS のアラームが頻繁に鳴ることがありますが，同じ情報であってもチェックを欠かさないようにします。

⑤ AIS に設定すべき自船の情報，特に DESTINATION（行先）などについても正しいか確認します。他船はこの情報を参考に避航動作を行います。

★船舶安全法

船舶における人命の安全確保などを目的とする法律です。

表 2.3　AIS にて受信されるメッセージの例

（出典：海上保安庁 HP（https://www6.kaiho.mlit.go.jp/tokyowan/info/tab/aismessage.htm））

U	
U ARE TAKING A DANGEROUS COURSE. U HAVE SHALLOW WATERS (**) MILES AHEAD OF U. NAVIGATE WITH CAUTION!	あなたは危険な針路をとっています。あなたの前方 ?? マイルに浅瀬があります。航行に注意してください。
U MUST PROCEED IN URAGA SUIDO & NAKA-NO-SE T/RS.	あなたは浦賀水道航路と中ノ瀬航路を航行しなくてはいけません。
URAGA CHANNEL PILOT SERVICE HAS BEEN CLOSED SINCE ????JST.	浦賀パイロット業務は **** 時から休止しています。
URAGA CHANNEL PILOT SERVICE HAS BEEN CLOSED SINCE ????JST. ADVISE U TO WAIT OUTSIDE TOKYO BAY.	浦賀パイロット業務は **** 時から休止しています。東京湾の外で待機してください。
URAGA CHANNEL PILOT SERVICE HAS BEEN RESUMED.	浦賀パイロット業務は再開しました。
URAGA SUIDO TRAFFIC ROUTE LIGHT BUOY NO[?][GREEN/RED] HAS BEEN DRIFTING. PLS NAVIGATE WITH CAUTION.	浦賀水道航路第？号灯浮標（緑 / 赤）は漂流しています。航行に注意してください。
U ARE NOW APPROACHING TO THE SEASHORE. WATCH OUT!	あなたは海岸に接近しています。注意してください。

2.5　船位の確認

船位の種類には以下の 3 種類があります。

① 推測位置

出発点より, コンパスによる針路と速力から得た航程《こうてい》（航行した距離）によって求めた位置をいいます。

② 推定位置

推測位置に風圧差《ふうあつさ》（Lee way, リーウェイ）や流圧差《りゅうあつさ》（Tide way, タイドウェイ）（Appendix 2.4 参照）などの影響を推定し加味した位置をいいます。

③ 実側位置

地上の物標や天体，電波などにより実測して得られた位置をいいます。

船位を測定する方法はたくさんありますが，今日では GPS が広く利用され，なおかつその位置情報は ECDIS 上に表示されるようになり, 紙海図の利用は徐々に補助的なものになりつつあります。しかしながら，こうした電子機器類に完全に依存することは危険です。

いざというときのためにも，普段からコンパスやレーダーによる位置測定に習熟し，紙海図を使うチャートワーク（2.5.2 参照）に慣れておくことが重要です。

また，船位の確認とともに以下のような注意も必要です。

① 船長が決定したコースラインが安全であるとは限りません。自船の針路上に暗礁《あんしょう》など危険海域が存在しないかを自ら確認します。

② 必要に応じて，音響測深機で計測した水深と海図に示されている水深とを比較し，安全を確認します。

③ もし，いくつかの方法で同時に複数の船位が得られた場合は，より危険度の高い船位を採用します。

④ レーダーなどを有効に活用し, 離岸《りがん》距離などを常時把握するように努めます。

⑤ 他船に最接近する時間（Appendix 2.5 参照）や変針点に達する時間などは常に把握しておく必要があり，現在の速力で，何分後に，何マイル（メートル）進むかなど，おおよその速度・時間・距離に対する感覚を磨いておくことも重要です。

⑥ 風圧差や流圧差により船位が大きく変化することがあります。

★変針点

針路を変える位置です。

★コースライン

海図に引かれた航海を予定している進路の線です。

★離岸距離

陸岸からどれだけ離れて航行するかを示す距離です。自船の大きさや性能，航路の長短，船位測定のしやすさ，外力の影響，避航のための余裕水域の確保，事故などが発生した場合に対処できる安全距離などを見込んで設定されます。

2.5.1　沿岸航法における船位測定

（1）クロス方位法

クロス方位法（Cross bearing）は，顕著《けんちょ》な 2 物標または 3 物標の方位をコンパスで同時に測定し，海図上にこれらの物標の反方位線を引き，その交点を船位とする方法（図 2.2）ですが，以下のような注意が必要です。

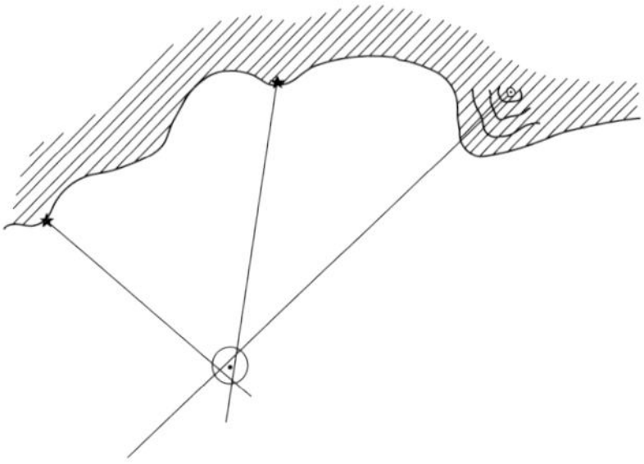

図 2.2　クロス方位法

① 位置が正確で，顕著な物標を選びます。

② 方位線の交角は，2 物標の場合はできるだけ 90° に近いものを，3 物標の場合はそれぞれの交角ができるだけ 60° に近くなるものを選びます。

③ できるだけ素早く測定を行います。

④ 方位変化の遅い物標（船首尾方向に近いもの）を先に測定し，方位変化の速い物標（正横方向に近いもの）を後に測定します。

⑤ なるべく近距離の物標がよいですが，あまり近すぎると方位変化が激しいので注意が必要です。

⑥ 3 物標を測定した場合，3 本の方位線が 1 点で交わることは稀で，誤差三角形（Cocked hat）ができます。誤差三角形が小さいときは，誤差三角形の中心を船位とします。しかし，危険物が近くにあるような場合は，三角形上最も危険な位置に船舶があるとして船位を決定します。また，誤差三角形が大きい場合には，再測定をします。

（2）重視線と方位線による方法

海図記載の2つの物標が船舶から見て一直線になるときに，その重視線と他の物標の方位を測定することで船位が求まります（図2.3）。なお，重視線は，航行目標や避険線などにも利用できるほか，コンパスの誤差測定にも利用できます。

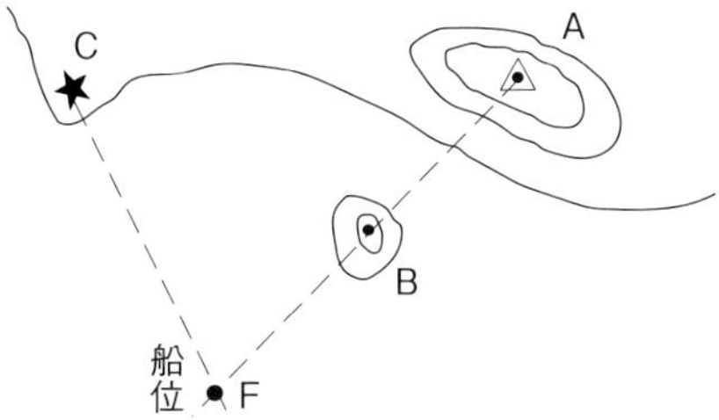

図 2.3　重視線と他物標による測位法

★避険線

危険な水域を避けるため，安全な水域と危険な水域の間に設定する境界線のことです。

（3）レーダーによる船位測定

レーダーによる船位測定には，物標の方位と距離による2つの位置の線を利用できますが，方位は距離に比べて精度が悪いので，なるべく距離測定による船位測定を行うべきです。

また，測定する場合は，以下のような注意が必要です。

① 方位と距離のどちらを測定する場合でも，物標をレーダースコープ（レーダー表示面）の外周近くになるように使用レンジを切り換えて測定します。

② 距離を測定する場合には，物標の映像の内側（レーダースコープの中心側）に距離マーカーを接触させるようにして測定します（図2.4）。

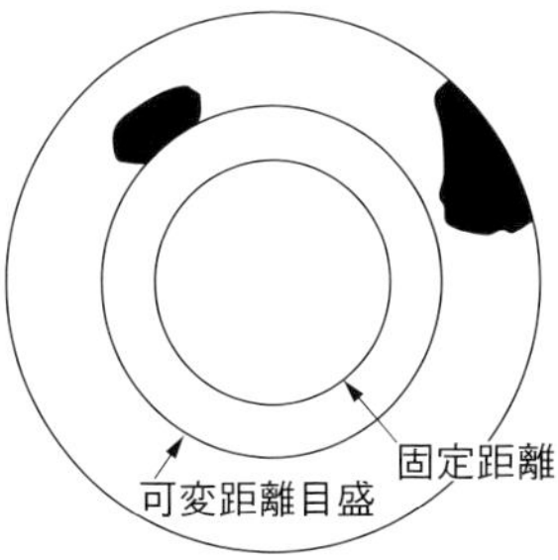

図 2.4　レーダーによる距離の測定

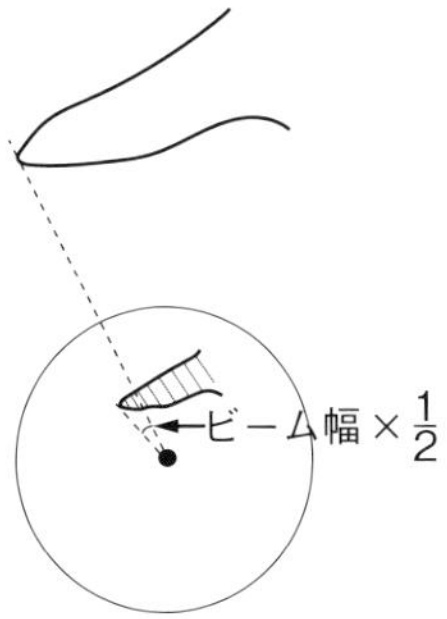

図 2.5　レーダーによる方位の測定

③　やむを得ず方位測定をする場合は，以下の注意が必要です。

- 幅のある島の端や岬などを測定する場合は，水平ビーム（Beam）幅による拡大効果があるので，ビーム幅の 1/2（1 ～ 2°）だけ内側の方位を測定します（図 2.5）。
- 小さな物標を測定する場合は，物標の中心を測定します。

★位置の線

物標の方位や距離などを測定したとき，自船はその方位や距離が一定の線上のどこかにいることになります。この線のことを位置の線といいます。

★水平ビーム幅

レーダーの電波は，水平方向にはできるだけ細くてシャープな形（アンテナから発信される電波の強さを測定した場合の形）になるようにしていますが，どうしてもある程度の幅を持ちます。この幅のことを水平ビーム幅といいます。

（4）船位の確認における海図の活用

①　狭水道などでは，瞬時の船位，風（流）圧差の把握が要求されるので，船首目標，重視線などをチャートに記入しておいて活用します。

②　浅水域《せんすい》を航行するときには音響測深機と海図を用いて，水深の変化も監視します。

（5）船位の海図への記入

今日では，ECDIS によって，船位のほか，数多くの情報が得られるようになっています。

紙海図を使用する場合は，決定した船位を点で印し，○で囲み，測定時刻を記入します。また，必要に応じて，船位の種類や測定法が分かるように，記号などを変えて記入します（図 2.6）。

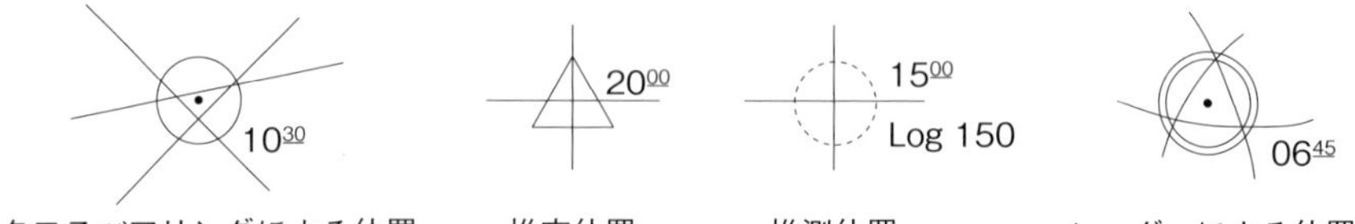

クロスベアリングによる位置　　推定位置　　推測位置　　レーダーによる位置

図 2.6　船位の記入法

2.5.2　海図作業（Chart work，チャートワーク）

（1）　チャートテーブルの整理

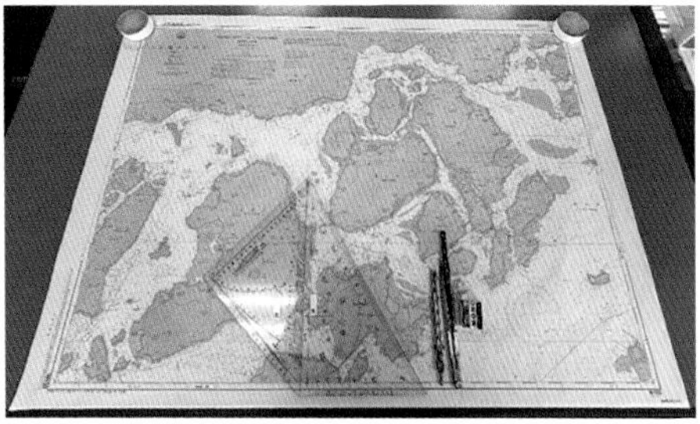

図 2.7　チャートテーブル

① チャートテーブルは，常に整理整頓しておきます。チャートテーブルの上には不必要な物をおかないようにします（図 2.7）。

② 航海当直中に海図を探すことなく速やかに取り出せるように，あらかじめ準備しておきます。

③ 特に沿岸航行時に使用する海図は，できる限り詳細な情報が記載されている大縮尺のものを使用します。

④ ディバイダーやコンパスはスムーズに動くように調整しておきます。

⑤ チャートは丁寧に扱い，ディバイダーなどで傷つけたり，汚損しないよう心掛けます。

（2）井上式三角定規

井上式三角定規は，航海用として一般に使われている定規で，角度 45° 式の A 定規と 30°，60° の B 定規の組み合わせです（図 2.8）。

A 定規には，標高尺，距離尺，高度尺，眼光尺が刻まれていますが，船位測定方法の発達により，今日ではあまり利用されていません。

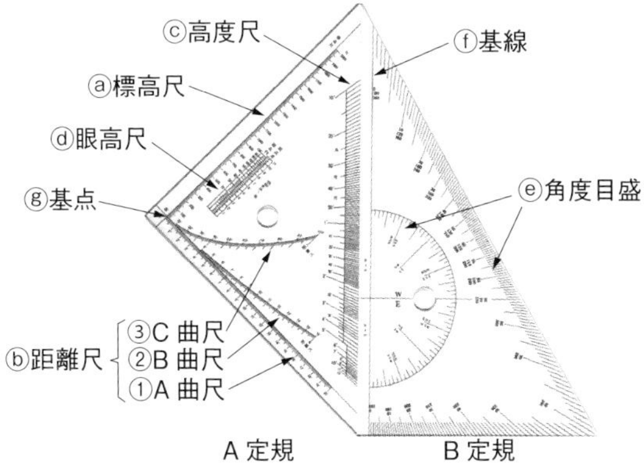

図 2.8　井上式三角定規

（3）チャートワークの基本

① 経度・緯度の求め方

経度・緯度は，海図の輪郭《りんかく》線に目盛が振られており，その値を読みます。

② 針路・方位の求め方

B 定規の基線を海図上のコンパス図に合わせ，A 定規を使って平行移動する方法が容易ですが，図 2.9 に示すように，B 定規の角度目盛を経度線または緯度線に合わせる方が定規の移動が少なく，慣れると便利な方法になります。

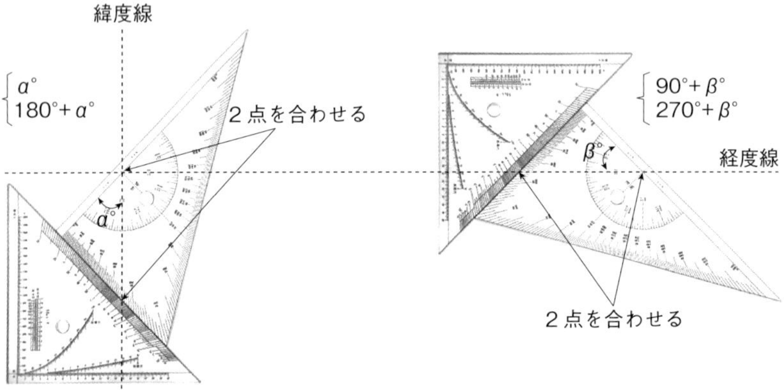

図 2.9　針路・方位の測り方

③ 距離の求め方

距離の測定は，緯度 1 度が 60 マイル，すなわち緯度 1 分が 1 マイルとなります。漸長図における緯度の間隔は，緯度が高くなるにしたがって長くなるので，距離を測ろうとする場所の真横の緯度間隔を使います。

★漸長図

航海用の海図として一般的に使われるもので，緯度線と経度線がそれぞれ直交した直線で表されており，針路や方位線を直線で表すことができます。

2.6　操船

（1）操舵号令

IMO（International Maritime Organization，国際海事機関）勧告の標準操舵号

令は舵角指示を原則としており，号令の意味が明確になっています。

また，操舵号令を伝えるときは，以下にしたがいます。

① 回頭方向に手を挙げるなど，操舵手との確実な意思の疎通を行うようにします。特に経験の浅い航海士や操舵手はスターボードとポートを間違えることがあるので，こうした動作は有効です。

② 操舵号令を出したら，自ら舵角指示器により舵角を確認し，レピーターコンパスで旋回を確認します。

主な操舵号令は次のとおりです。

Midship(s)：舵を船首尾線方向（中央）に保て。

Port five：舵を左 5 度に保て。

→ Port の後に必要な舵角をつけて号令する（5°，10°，15°，20°，25°）。

Hard-a-Port：舵を左一杯に取って保て。

Starboard five：舵を右 5 度に保て。

→ Starboard の後に必要な舵角をつけて号令する（5°，10°，15°，20°，25°）。

Hard-a-Starboard：舵を右一杯に取って保て。

Ease to fifteen：舵角を 15 度まで減じて保て。

→ Ease to の後に必要な舵角をつけて号令する（5°, 10°, 15°, 20°, 25°）。

Steady：できる限り早く，振れ回りを減じよ。

Steady as she goes：発令されたときに示されたコンパスの指度方向に針路を安定させよ。

針路の指示は明確に Co.<005>「コース，ゼロ，ゼロ，ファイブ」と号令し，操舵号令と針路の指示が誤解されないよう，注意します。

★ IMO

IMO は船舶の安全及び船舶からの海洋汚染の防止など，海事問題に関する国際協力を促進するための国連の専門機関です。

★スターボードとポート

船舶の右側を右舷（Starboard, スターボード），左側を左舷（Port, ポート）といいます。

（2）自船の操縦性能

操縦性能表（図 2.10）が船橋に掲示されていますので，避航動作などの判断材料として必ず確認しておきます。また，操舵に際しては以下を考慮します。

① 船体や速力により必要舵角が異なります。

② 風や潮流の影響により，舵効きが極端に悪いことがあります。

③ 一般的に船速が遅いほど舵効きが悪く，自船の船速に応じた適切な舵角を研究しておくことが必要です。

④ 同一の船舶でも，積荷の状態などによって舵効きが異なります。

⑤ 回頭角速度が大きくなると，回頭を止めることが困難になる船舶もあります。

⑥ 回頭中，一気に Midship あるいは反対舷に操舵すると，船体が大きく傾斜することがあるので，船種によっては徐々に舵角を戻します。

⑦ 荒天時は，操舵による船体傾斜と波による動揺とが同調して大傾斜を起こすことがあるので，大角度の操舵は控えます。

★回頭角速度

船首の向きが変わることを「回頭」といいますが，1 分間に何度変化するかを回頭角速度（ROT：Rate Of Turn）といいます。

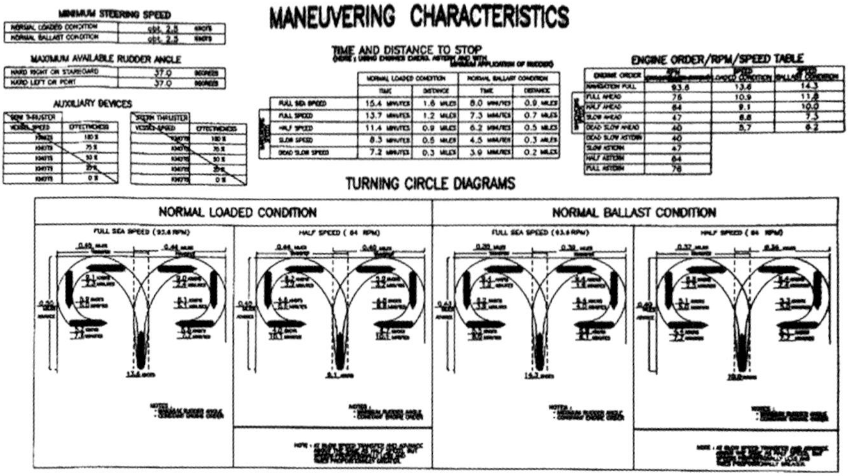

図 2.10　操縦性能表の例

（3）保針とオートパイロットの使用

① 操舵手の熟練度を考慮し，指示した針路に保針できているかを自ら確認します。

② 舵効きが悪いときには，早期にその旨を報告させます。

③ 常に操舵手またはオートパイロットが，正しく操舵していることを確認します。

④ オートパイロットは，広い水域で船舶交通が少なく海上が平穏なときにのみ使用します。

⑤ オートパイロットは，船体や海上のコンディションに合わせた調整が必要です。

⑥ インストラクションを熟読し，舵角調整，天候調整，その他の調整をします。

⑦ 各種調整を行ったら，保針の状況，舵の作動状況を確認します。

⑧ オートパイロットの調整後も針路を保っていることをチェックします。

★オートパイロットの各種調整

オートパイロット（Auto-pilot，自動操舵装置）には，予定針路からのずれ（偏角）1°に対する舵角量の調整を行う舵角調整（Rudder adjustment），回頭角速度に対する舵角量の調整を行う当て舵調整（Rate adjustment or Checking rudder adjustment），そして，潮流や風浪などによって一定方向に流されるのを防ぐための舵を取る積分制御があります。また，荒天時などで蛇行するようなときに，無駄な舵を取らないようにする天候調整（Weather adjustment）もあります。しかしながら今日では，こうした制御や調整を自動的に行い，適切な舵を取る適応オートパイロット（Adaptive auto-pilot）が大型船舶のほとんどに搭載されています。

（4）変針時の注意事項

① 変針前には必ず後方を視認し，追越し船の有無を確認します。

② あらかじめ変針点付近で自船の変針を妨げるような他船がいないかを把握し，必要であれば早期に VHF などにより，他船との意思疎通を図ります。

③ 他船との安全な距離を保つことが重要であり，コースラインや変針点から離れることを躊躇してはなりません。

④ 回頭角速度が過大とならぬよう操舵するとともに，特に風上への変針は注意が必要です。

⑤　自船の復原性が小さい場合，転舵によって大きく船体傾斜が生じることがあります。

⑥　日頃から自船の復原性を把握しておきます。

⑦　変針後には波浪との出会い角や周期が変わり，ローリングが大きくなることがあります。

★波浪との出会い角

船舶の針路と波の進行方向とのなす角です。

★ローリング（Rolling）

船体が左右に傾くように揺れることです。

（5）他船を追い越す場合

①　他船を追い越す場合には，相手船が自船に気付いていないことを想定しておきます。

②　自船の追い越しにより相手船が変針できないという状況が生じるおそれもあることを想定しておきます（AIS により相手船の行先を確認しておきます）。

③　追越し船舶は，追い越される船舶を十分に避航しなければなりません。

④　必要に応じて，VHF や汽笛で追い越しの意思を伝えます。

（6）漁具や浮流物の避航

①　漁具や浮流物を避航する際には，極力風下側に操舵します。

②　船首が浮流物に並ぶあたりで，浮流物側に操舵することでキック（Kick，操舵した反対側に船体が押し出される現象）の作用により船尾が障害物から離れます。

（7）汽笛による意思表示

①　操船信号

航行中の動力船は，海上衝突予防法（以下，予防法）の規定により，針路を転じている場合，または機関を後進にかけている場合は，汽笛信号を行わなければなりません。この場合，発光信号も同時に行うことができます。

ⓐ　針路を右に転じている場合は，短音 1 回

ⓑ　針路を左に転じている場合は，短音 2 回

ⓒ　機関を後進にかけている場合は，短音 3 回

② 追越し信号

互いに他の船舶の視野の内にある場合において他船を追い越す場合の予防法による汽笛信号は，以下のとおりです。

ⓐ　他の船舶の右舷側を追い越そうとする場合は，長音 2 回に引き続く短音 1 回

ⓑ　他の船舶の左舷側を追い越そうとする場合は，長音 2 回に引き続く短音 2 回

ⓒ　他の船舶に追い越されることに同意した場合は，順次に長音 1 回，短音 1 回，長音 1 回及び短音 1 回

（8）船長やパイロットの補佐

① 入出港時や狭水道航行時など，船長やパイロット（水先人）に操船を引き継いだ後であっても，自身の航海当直と同様に船舶の安全な運航のためにあらゆる補佐を行わなければならなりません。

② 自身が操船しているつもりで船長やパイロットの操船に常に注意を払い，少しでも疑問を感じたならその旨をはっきりと声に出して報告します。

③ 衝突のおそれのある船舶，変針点までの距離，風向・風速，リーウェイ，速力とエンジンテレグラフ（4.2(2)参照）の状態，変針時の後方確認など，操船者が必要とする情報を適宜報告します。

④ 海上交通センターなどからの情報や指示に注意し，必要に応じて対応します。

⑤ 海域によっては，予防法に優先して港則法や海上交通安全法（Appendix 1.1参照）が適用されるので事前に調査し理解しておきます。

2.7　避航

（1）衝突の危険の判断

衝突のおそれの判断については，予防法第 7 条で次のように定められています。

① 接近してくる他の船舶のコンパス方位に明確な変化が認められない場合は，これと衝突するおそれがあると判断。

② 接近してくる他の船舶のコンパス方位に明確な変化が認められる場合においい

ても，大型船舶もしくはえい航作業に従事している船舶に接近するときは，衝突するおそれがあり得ると判断。

③　近距離で他の船舶に接近するときは，衝突するおそれがあり得ると判断。

④　他の船舶と衝突するおそれがあるかどうかを確かめることができない場合は，これと衝突するおそれがあると判断。

（2）航法・避航動作

急迫の場合は，機を逸せず針路の変更，機関停止，後進などの最善の処置の後，直ちに船長に報告します。そのためには，停止距離や旋回径などの操縦性能を把握しておかなければなりません。機関を減速もしくは停止すると操縦性が大きく低下することがあります。機関後進とした場合には，後方から接近しつつある船舶にも注意し，必要に応じて汽笛やVHFを用いて知らせるなどの注意が必要です。

予防法で規定されている航法は，船舶の大小に関わらず適用されます。巨大タンカーと小型ボートの間でも当然，保持船，避航船の関係が生じることを忘れてはなりません（Appendix 2.6 参照）。また，海上交通安全法や港則法の適用海域では，海上交通ルールが異なります。自船が航行する海域に適用されるルールを理解し，十分に余裕のある時期に，ルールにもとづいた避航動作と信号の励行が必要です。

①　衝突を避けるための針路や速力の変更は，できる限り，その変更を他の船舶が容易に認めることができるように大幅に行います（予防法第 8 条第 2 項）。

②　避航船である相手船の動作のみでは衝突を避けることができない場合は，衝突を避けるための最善の協力動作を取ります（予防法第 17 条）。

③　切迫した危険のある特殊な状況にある場合においては，予防法の規定によらないことができます。保持船であっても避航船と安全に航過できるかを監視し続け，状況によっては適切な避航動作が求められます（予防法第 38 条）。

④　避航船の避航動作に疑問が生じたなら，できる限り早い段階で相手の意思を確認します。

⑤　相手船が自船に気付いていないということも想定します。

⑥　VHF にて相手船の意向を確認することは重要ですが，英語にて情報をやり取りする際には，相手船の英語力が低い可能性もあるので，できる限りシンプ

ルな言葉使いを心掛けます。

⑦　VHF での意思疎通は，その時機が遅れると，衝突回避動作が困難になります。

⑧　レーダーや TT は，特に視界不良時には有効に活用すべきですが，これらの情報だけで避航動作を判断してはなりません。

⑨　漁船群には，極力，接近しないように努め，やむを得ず漁船群と接近する場合には，減速し，汽笛や昼間信号などで注意喚起をします。

★保持船

針路及び速力を保たなければならない船舶のことです。

★避航船

他の船舶の進路を避けなければならない船舶のことです。

それでは，避航操船時の様子を聞いてみましょう。

3/O	Q/M，レーダーで 234° 12 マイル，右舷船首ですが何か見えますか？
Q/M	3/O，その方向に灯火が確認できました。
3/O	了解，私も視認できました。TT でも補足しました。方位は左に変化しています。
Q/M	3/O，今，左舷灯が確認できました。横切り船ですね。
3/O	そうですね。少し接近しそうなので，右に避航します。舵をお願いします。
Q/M	了解しました。操舵をマニュアルにしました。
3/O	右舷後方クリア！では，変針します。スターボード・ファイブ！
Q/M	スターボード・ファイブ！……スターボード・ファイブ・サー！
3/O	ミジップ！
Q/M	ミジップ！……ミジップ・サー！
3/O	ステディ！
Q/M	ステディ！……ステディ・サー！
3/O	コース 245
Q/M	コース 245……コース 245・サー！
3/O	これで十分，避航できますね。引き続き，方位変化を監視します。

（3）信号の励行

① 警告信号（疑問信号）

互いに接近する場合で，相手の意図や動作が理解できないとき，他の船舶が衝突を避けるために十分な動作をとっているかどうか疑いがあるときは，直ちに急速に短音を5回以上鳴らす警告信号を行わなければなりません。この場合，発光信号も同時に行うことができます（閃光《せんこう》5回以上）。

② 注意喚起信号

他船に注意を喚起する必要がある場合は，汽笛を鳴らし続けるなど，他の信号と誤認されることのない音響信号または発光信号を行うことができます。

2.8　視界不良時の対応

（1）講ずべき対応

① 機関室への状況説明
② 見張員の増強，複数台のレーダー使用
③ 霧中信号の実施
④ 手動操舵への切り替え

（2）船長への報告

① 周囲の船舶や漁船の操業状況
② 視程の状況（具体的に何マイル程度か，自船の船首マストが見えないなど）
③ 視界不良の頻度（連続して視界不良なのか，断続的なものか）
④ すでに講じた対応

（3）当直中の注意事項

予防法第11条～第18条は，互いに他の船舶の視野の内にある船舶の航法です。したがって，視界不良時には「行会い船」や「横切り船」の航法（予防法第14条，第15条）などは適用されません。予防法第19条（視界制限状態における船舶の航法）を十分に理解した動作が重要です。

① 視界不良時には，まず，船長に報告し，指示を受けます。

② 機関を直ちに操作できるようにしておきます。

③ 状況に適した，全ての手段による見張り，減速，衝突のおそれの判断と避航動作が必要です。

④ 他船をレーダーのみで探知したときは，十分に余裕のある時期に対応します。

⑤ レーダーのみで探知した他船を避ける場合は，他船が正横より前方にある場合は左転しないこと（図 2.11）。また，正横または正横より後方にある他船の方向に変針しないこと（図 2.12）。

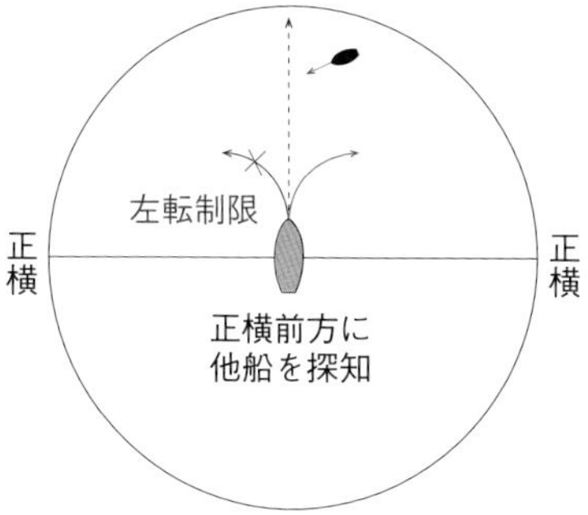

図 2.11　正横より前方の他の船舶に対する転針

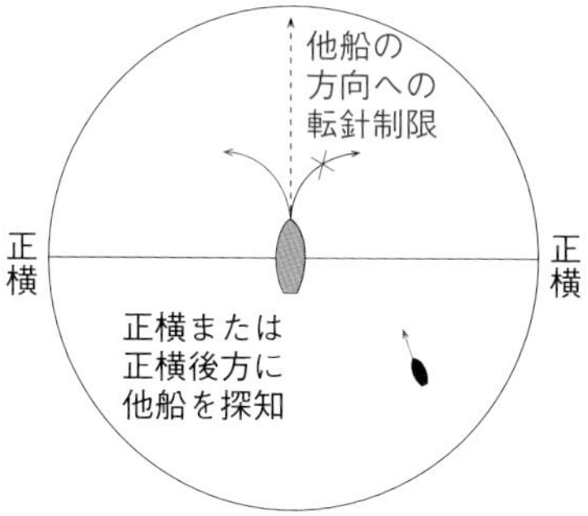

図 2.12　正横または正横より後方の他の船舶に対する転針

⑥ 視界制限状態における音響信号（予防法 35 条）を正横より前方に聴いた場合は，針路を保つことができる最小限度の速力に減じ，または停止します。

⑦ 正横より前方にある船舶と著しく接近する場合は，針路を保つことができる最小限度の速力に減じ，または停止します。

⑧ 他船の霧中信号などが聴き取れるよう，ウイングのドアを開放します。

（4）霧中信号

通常，霧中信号は汽笛の操作スイッチ（図 1.26）で自動的に吹鳴《すいめい》できます。汽笛の操作方法についても理解しておきましょう。

予防法による航行中における一般動力船の霧中信号は，以下のとおりです。

① 対水速力を有する場合は，2 分を超えない間隔で長音 1 回

② 対水速力を有しない場合は，2 分を超えない間隔で長音 2 回

それでは，視界不良時の様子を聞いてみましょう。

3/O	（船内電話にて）キャプテン，ブリッジの 3/O です。現在，視程が 2 マイル程度と悪くなりました。
Capt.	そうか，周囲の状況はどうだ。
3/O	現在，付近はクリアですが，8 マイル先の変針点付近にレーダーで漁船らしい映像があります。
Capt.	了解，とりあえず機関室に状況を伝えて，霧中信号も吹鳴するように。私もブリッジに上がる。
3/O	よろしくお願いします。

2.9　荒天航海

（1）荒天準備

荒天航海が予想される際には船長から様々な指示が出されますが，航海士は常に「指示待ち」ではなく，積極的に船長をフォローしていく姿勢が求められます。荒天準備の一例を示します。

①　荒天の襲来を乗組員に周知

②　移動物（居住区，上甲板，機関室など）の固縛

③　防水装置（水密ドア，開口部の閉鎖装置，舷窓の内ふたなど）の確認

④　荒天時の暴露甲板などへの立入禁止

⑤　必要な箇所への手《て》摺《す》りロープや安全ロープの設置

⑥　適切な針路・速力

⑦　必要な気象情報の入手

⑧　関係各所への ETA 変更連絡

⑨　十分な復原性（GM）（Appendix 1.11 参照）の確保

（2）当直中の注意事項

荒天航海時の注意事項については，これまでに述べた注意事項が多く含まれますが，ここで，あらためてまとめておきます。

①　荒天の際は，視界が制限される場合が多いことに注意し，常に視界の状態を把握するように努めなければなりません。急激に視界が制限されたような場合は，すぐに船長に報告し指示を仰ぎます。

② 荒天時は，操舵による船体傾斜と波による動揺とが同調して大傾斜を起こすことがあるので，大角度の操舵は控えます。

③ 荒天時などは，プロペラレーシングなどにも配慮し，必要に応じて運航状況を機関室に連絡します。

④ 上甲板など船橋から見える範囲の設備，積荷などに異変がないか，可能な限り目視でチェックしなければなりません。

それでは，荒天時の様子を聞いてみましょう。

Capt.	（ブリッジにて）3/O，少しローリングが大きくなってきたようだが，入直時と比べてどうだ？
3/O	そうですね。入直時よりもうねりが大きく後方からになり，ローリングが大きくなりました。
Capt.	そうか。今後の波浪予想はどうなっている？
3/O	はい。こちらが最新の波浪予想ですが，この先，少し波高は大きくなるようです。
Capt.	現在の GM はどの程度か？
3/O	現在の GM は 1.2m です。前直の C/O が GM を増やすためにこちらのコンディションを計算しています。 キャプテンがブリッジにこられたら，見せてくださいと引き継ぎました。
Capt.	そうか。では，C/O の計算したこちらのコンディションに変更するから，バラストを張ってくれ。
3/O	了解しました。
Capt.	さらにローリングが大きくなるようなら，針路変更と減速を考える。 また，連絡してくれ。
3/O	了解しました。

2.10　通信

（1）VHF

必要があれば，VHF を使って AIS などで相手船の船名が判る場合には船名で呼び出し，船名が不明な場合は相手船の位置，針路，速力，船体の特長などで呼び出します。

通話においては曖昧な返答はせず，相手の意思が確実に理解できるまで，内容を確認します。通話は周囲の状況が安全である場合のみ対応し，必要最低限の会話を手短に終わらせるようにします。通話の際にはすぐにメモすることができるよう，あらかじめ準備しておきます。

遭難通信やJASREP（ジャスレップ）などの運航上重要な通信（Appendix 2.2参照）については船長に報告し，必要があれば指示を仰ぎます。緊急時などにおける外部（海上保安庁など）との通信は船長の指示を仰ぎ，独断で行ってはいけません。

以下に，簡単なVHF英会話例をあげておきます。

① 相手船の呼び出し

Crossing vessel “YAMATO MARU”.（横切り船のヤマト丸）
Opposite course vessel on my starboard head.（本船の右舷船首の反航船）
Red hull container vessel on my port side.（本船左舷の赤い船体のコンテナ船）
Westbound vessel nearby No.3 buoy.（3番ブイ付近を西航中の船舶）
Southbound vessel 3miles north of Oki-No-Shima.
（沖の島の北，3マイルを南航している船舶）
This is “KOSEN MARU”. How do you read me ?
（こちら高専丸，感度いかがでしょうか？）

② 意思疎通

Please keep port side to port side.（左舷対左舷を保ってください）
Do not overtake me.（本船を追い越すな）
You may overtake on my starboard side.（本船の右舷を追い越せ）
I will pass astern of you.（本船は貴船の船尾を航過します）
Do not pass ahead of me.（本船の船首を航過するな）
I am altering my course to starboard.（本船は右に変針しています）
I cannot alter course to port.（本船は左に変針できません）
I am reducing speed.（本船は減速中です）

③ よく使う言葉

give way ship（避航船）
stand on ship（保持船）

crossing（横切り）
opposite（反航）
overtake（追い越し）
reducing（減速中）
increasing（増速中）
altering（変針中）

(2) 旗りゅう信号

船橋には国際信号書（図 2.13）が備え付けられており，国際信号旗が示す意味を調べることができます。次の国際信号旗は頻繁に使われるので最低限覚えておきましょう。

B：私は危険物を荷役中または運送中である。
G：私は水先人が欲しい。
H：私は水先人を乗せている。
Q：本船は健康である。検疫上の交通許可を求める。
RU1：私は操縦の試運転をしている。
UY：私は演習中である。私を避けられたい。
UW：御安航を祈る。
UW1：あなたの協力を感謝する。

図 2.13　国際信号書

★国際信号書・国際信号旗・旗りゅう信号

海上において船舶間での通信に利用される世界共通の旗として国際信号旗（International maritime signal flags）があります。その使い方は国際信号書（INTERCO: International code of signals）によって定められており，国際信号旗による信号を旗りゅう信号（Flag signalling）と呼びます。

2.11　気象観測と気象情報の入手

2.11.1　自船における気象観測

自船での気象観測を継続的に行うことは，今後の気象を予測するうえで重要です。

通常は，1 時間あるいは 2 時間ごとに天候，風向・風速，気圧，気温，水温を観測し，ログブックに記録します。ログブックに記録された気象観測データは，天気図と比較しながら今後の気象を予測するために利用します。

観測された風向・風速が相対の風向風速である場合は，真風向風速計算尺を使い，真の風向・風速を求めます（Appendix2.7 参照）。

2.11.2　気象情報の入手

（1）気象無線模写通報（JMH）

一般の船舶では FAX（図 1.55）を備えていることが多く，現在では，世界のどの海域でも各国の気象機関で作成されたいろいろな気象・海象図を利用することができます。日本では，気象庁の JMH（表 2.4）によって，以下の情報を放送しています。

- 台風予報
- 波浪に関する実況図・予想図
- 気象に関する実況図・予想図
- 海況（海面水温・海流など）に関する実況図・予想図
- 海氷情報

また気象図には，以下のように種類や地域の符号が付されています。

① 種類

- AS（Analysis Surface）：地上解析
- FS（Forecast Surface）：地上予想
- AU（Analysis Upper）：高層解析
- FU（Forecast Upper）：高層予想
- AW（Analysis Wave）：波浪解析
- FW（Forecast Wave）：波浪予想
- AX（Analysis Miscellaneous）：その他の解析
- FX（Forecast Miscellaneous）：その他の予想

② 地域

- AS：アジア
- AF：アフリカ
- BZ：ブラジル

表 2.4　JMH スケジュール
（出典：気象庁 HP（https://www.jma-net.go.jp/common/177jmh/JMH-JPN.pdf)）

JMH（気象無線模写通報）スケジュール

周 波 数：3622.5／7795／13988.5 kHz
出　　力：5kW　　　電波の型式：F3C

気　象　庁
令和４年1月19日現在

JST	・・・・・05・・・・・10・・・・・15・・・・・20・・・・・25・・・・・30・・・・・35・・・・・40・・・・・45・・・・・50・・・・・55・・・・・	UTC
00	20 ASAS (12) 地上解析(再放送) 39 ／ 40 1) WTAS12(12) (再放送) 台風予報 59	15
01	00 2) COPQ1 北西太平洋海面水温実況(再放送) 19 ／ 20 AWPN (12) 外洋波浪解析 39 ／ 40 AUAS50 (12) 59	16
02	00 AUAS85 (12) ／ 19 AWJP (12) 沿岸波浪解析 38 ／ 39 FUFE502(12) FSFE02	17
03	10 FUFE503(12) FSFE03 ／ 21 FXFE572(12) FXFE782 ／ 32 FXFE573(12) FXFE783 43 ／ 50 FWPN07 (12) 外洋波浪12・24・48	18
04	・72時間予想 09 ／ 10 静止気象衛星雲写真 (18) 29 ／ 30 FSAS24 (12) 海上悪天24時間予想 49 ／ 50 1) WTAS12 (18) 台風予報	19
05	09 ／ 10 FWJP (12) 沿岸波浪24時間予想 29 ／ 40 ASAS (18) 地上解析 59	20
06	00 FSAS48 (12) 海上悪天48時間予想 19 ／ 20 ASAS (18) 地上解析(再放送) 39 ／ 40 1) WTAS12(18) (再放送) 台風予報 59	21
07	00 FSAS04 (12) FSAS07 (12) 19 ／ 20 FWPN (12) 外洋波浪24時間予想 39	22
08	00 FSAS24 (12) 海上悪天24時間予想(再放送) 19 ／ 20 AWJP (12) 沿岸波浪解析(再放送) 39 ／ 40 FSAS48 (12) 海上悪天48時間予想(再放送) 59	23
09	00 FSAS04 (12)(再放送) FSAS07 (12)(再放送) 19 ／ 20 FSAS09 (12) 39 ／ 40 FSAS12 (12) 59	00
10	03 テスト チャート ／ 10 静止気象衛星雲写真 (00) 29 ／ 30 STPN (再放送) FIOH (00) (再放送) 49 ／ 50 1) WTAS12 (00) 台風予報	01
11	09 ／ 10 2) SOPQ 北西太平洋海流・表層水温実況 ／ 29 3) 電波予報 ／ 40 ASAS (00) 地上解析 59	02
12	00 2) COPQ1 北西太平洋海面水温実況 19 ／ 20 ASAS (00) 地上解析 (再放送) 39 ／ 40 JMH放送スケジュール (MANAM) 59	03
13	00 1) WTAS12(00) (再放送) 台風予報 19 ／ 21 AWPN (00) 外洋波浪解析 ／ 40 AWJP (00) 沿岸波浪解析 59	04
14	AUAS50 (00) ／ 18 AUAS85 (00) ／ 37 FUFE502(00) FSFE02 ／ 48 FSAS24 (00) 海上悪天24時間予想	05
15	07 ／ 30 FSAS04 (00) FSAS07 (00) 49 ／ 51 FWPN (00) 外洋波浪24時間	06
16	予想 ／ 10 静止気象衛星雲写真 (06) 29 ／ 30 FWJP (00) 沿岸波浪２４時間予想 49 ／ 50 1) WTAS12 (06) 台風予報	07
17	09 FUFE503(00) FSFE03 ／ 20 FSAS48 (00) 海上悪天48時間予想 39 ／ 40 ASAS (06) 地上解析 59	08
18	00 1) WTAS12(06) (再放送) 台風予報 19 ／ 20 ASAS (06) 地上解析 (再放送) 39 ／ 40 FSAS04 (00)(再放送) FSAS07 (00)(再放送) 59	09
19	00 FSAS48 (00) 海上悪天48時間予想(再放送) ／ 19 4) STPN (海氷) 5) FIOH (00) 38 ／ 40 FSAS24 (00) 海上悪天24時間予想 (再放送) 59	10
20	00 AWPN (00) 外洋波浪解析(再放送) ／ 19 AWJP (00) 沿岸波浪解析(再放送) 38 ／ 40 FWPN (00) 外洋波浪24時間予想(再放送) 59	11
21	20 FWPN07 (00) 外洋波浪12・24・48・72時間予想 39 ／ 40 FXFE572(00) FXFE782 ／ 51 FXFE573(00) FXFE783	12
22	02 ／ 03 テスト チャート ／ 10 静止気象衛星雲写真 (12) 29 ／ 30 FWJP (00) 沿岸波浪24時間予想 (再放送) 49 ／ 50 1) WTAS12 (12) 台風予報	13
23	09 ／ 20 2) SOPQ(再放送) 北西太平洋海流・表層水温実況 39 ／ 40 ASAS (12) 地上解析 59	14
JST	・・・・・05・・・・・10・・・・・15・・・・・20・・・・・25・・・・・30・・・・・35・・・・・40・・・・・45・・・・・50・・・・・55・・・・・	UTC

放送日：
1)　台風時
2)　毎週火曜日及び金曜日
3)　毎月20日及び21日
4)　毎週火曜日及び金曜日（結氷期）　再放送：翌日0130UTC
5)　毎週日曜日、月曜日、水曜日、木曜日及び土曜日（結氷期）　再放送：翌日0130UTC

注）各図は、300Hz白黒交互の信号が10秒間、続いて位相信号が30秒間送信された後に放送される。なお、図の終わりには終了信号が15秒間送信される。表中の(　)内の時刻および上記1)～5)の日付・曜日は、協定世界時(UTC)による。図の内容は、裏面参照。
（網掛け）の時間帯は、放送されない。

- JP：日本
- AG：アルゼンチン
- EU：ヨーロッパ
- FE：極東
- AO：西アフリカ
- IO：インド洋
- PN：北太平洋
- AU：オーストラリア
- UK：イギリス

③　アジア太平洋地上天気図（ASAS）

地上天気図の ASAS（前の AS は Analysis Surface, 後の AS は Asia）（図 2.14）。

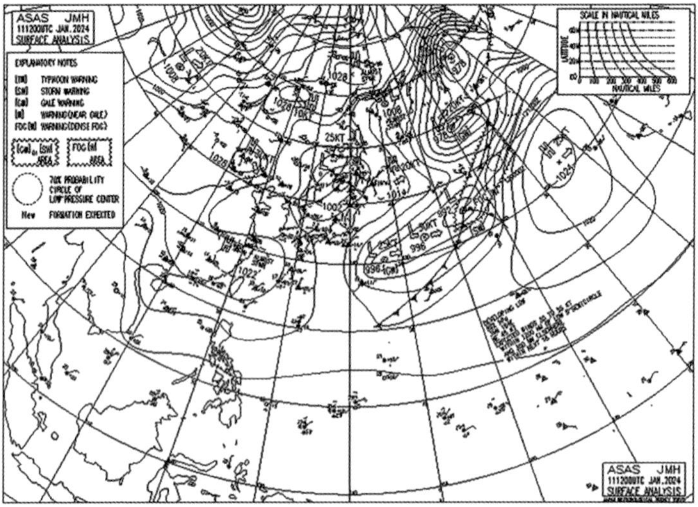

図 2.14　アジア太平洋地上天気図（ASAS）
（出典：気象庁 HP（https://www.jma.go.jp/jmh/asas_12_s.html））

④　アジア太平洋海上悪天予想図（FSAS）

予想天気図の FSAS（前の FS は Forecast Surface，後の AS は Asia）（図 2.15）はよく利用されています。

受信海域や大気の状態応じた周波数を選択して，スケジュールにしたがって受信します（表 2.4）。

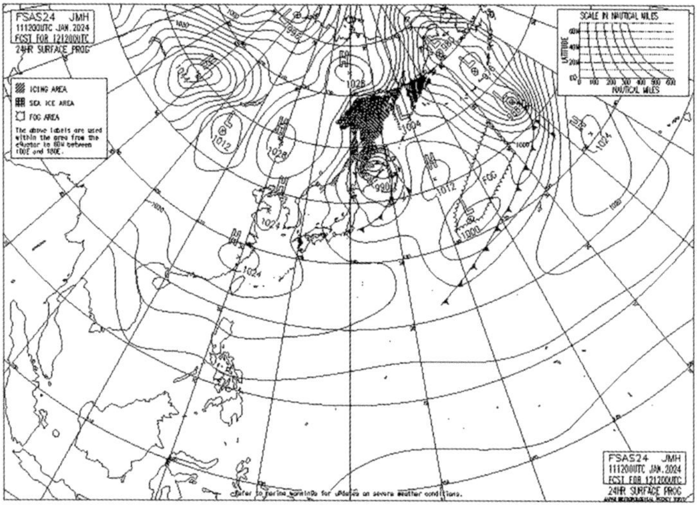

図 2.15 アジア太平洋海上悪天予想図（FSAS）
（出典：気象庁 HP（https://www.jma.go.jp/jmh/fsas24_12_s.html））

（2）文字による気象情報

船舶向けの文字による気象情報としては，海上予報と海上警報があります。海上予報・警報には，天候に関するもの，波に関するもの，高潮に関するもの，海流や海水温に関するもの，海氷に関するものなどがあります。

全般海上予報・警報は，国際的に定められた広い海域を対象としたもので，日本の気象庁は北太平洋西部を担当しています。セイフティネット（SafetyNET）によって，1 日 4 回インマルサット衛星経由で放送しており，EGC（1.2(11)参照）によって，自動的に受信可能です。

地方海上予報・警報は，日本の沿岸から 300 マイル以内を 12 の海域に区分し，それぞれの担当気象官署（各地の気象台）が発表するもので，海上保安庁の国際・日本語 NAVTEX（1.2(11)参照）で地方海上予報は 1 日 2 回，地方海上警報は 1 日 4 ～ 8 回，津波に関する海上予報・警報は随時放送されています。

（3）インターネットによる気象情報

インターネットが普及した今では，衛星画像，気象レーダー，アメダスなどの気象庁が提供する情報だけでなく，海上保安庁が提供する MICS（Maritime

Information and Communication System，沿岸域情報提供システム）や国土交通省が提供するNOWPHAS（Nationwide Ocean Wave information network for Ports and HArbourS，全国港湾海洋波浪情報網）などの気象情報も入手することができます。

インターネット接続環境が整備された船舶では，これらの情報を有効に活用することで，よりきめ細かな気象予測ができます。気象情報は，常に進歩しています。最新の気象情報とその利用法は，自身で日々確認し，学んで行く必要があるでしょう（Appendix 2.8 参照）。

2.12　航海日誌（ログブック）の記入（Log book writing）

＜航海当直中＞

1535　P’d Nakanose #3 b’y on her port side.
　　中ノ瀬3番ブイを左舷側に見て，航過した。

1549　P’d Uraga chuo #6 b’y on her port side & enter’d Uragasuido Trafic route.
　　浦賀中央6番ブイを左舷側に見て航過し，浦賀水道航路に入った。

1619　P’d Uraga chuo #1 b’y on her port side & clear’d out Uragasuido Trafic route.
　　浦賀中央1番ブイを左舷側に見て航過し，浦賀水道航路を出た。

1733　Bore Turugizaki Lt. Ho on <260> 2.7’ off & R/up eng. & then set co. on 〈178〉
　　剣崎灯台を260度，2.7マイルに見てリングアップエンジンとし，針路を178°にセットした。

1840　Sunosaki Lt. ab’m <088> 1.5’ off & a/co to <157>.
　　洲崎灯台を正横088度，1.5マイルに見て，針路を157度に変えた。

2000　Gentle Br’ze & fine Wr. Sea slight. Round made, all’s well.
　　風力3，天候晴れ。海面静穏。船内巡検，異常なし。

＜日付変更線通過＞

0935　P’d the International Date Line from east to west.
　　日付変更線を東から西に向かって通過した。

2100　Ship's clock ah'd 60 min. & ab'k one day.

船内時計を 60 分進め，日付を 1 日戻した（Appendix 2.9 参照）。

＜入港前＞

0405　Made out Pt Reyes Lt. on <155> 18' off.

レイエス岬を 155 度，18 マイルの地点に初認した。

0612　S/B eng. & then alter'd co. var'ly.

機関をスタンバイとし，その後針路を適宜変更した。

0625　Stop'd eng. & then slow ast'n eng.

機関停止し，その後機関を後進微速とした。

0626　Full ah'd eng. & then use'd it var'ly.

機関を全速前進とし，その後機関を種々に使用した。

Appendix

Appendix 2.1　判断ミスなどの事例

＜事例 1 ＞

航海当直中，船長が船橋に上がり，引き継ぎのないまま操船を行いました。このため，当直航海士は船長が操船を続けるものと判断しました。

⇩

船長との交代であっても明確な引き継ぎがなされなければなりません。このような場合は船長の意思を確認することが先決であり，船長が操船を続けるものと安易に判断してはなりません。

＜事例 2 ＞

船長命令簿を確認しましたが，手書きの文字が判読できない箇所があり船長の意図が十分に理解できませんでした。深夜で船長は休んでおり，前直航海士の見解は理解できたので，署名して航海当直に立ちました。

⇩

船長の意図が十分に理解できない場合は遠慮なく船長を起こして確認すべきです。船長を起こすことを躊躇してはいけません。

＜事例 3 ＞

深夜の当直中，関係船舶が多くなり，操船に少し不安を感じるようになりました。その後，次第に多数の漁船も現れ，このままでは自身の技量での避航動作は困難と判断し船長に連絡しました。

⇩

自身の技量での避航動作が困難となった時点での船長コールは遅すぎます。操船に少しでも不安を感じた時点で船長コールすべきです。

＜事例 4 ＞

視界不良の状況となったため，レーダー 2 基を異なるレンジで使用していました。1 基のレーダーで船首方向に映像を捉えましたが，もう 1 基のレーダーには映像がないため，偽像と判断しました。

⇩

レーダー映像は各種調整，アンテナ高さ，電波の種類，マグネトロン（Magnetron）の状態などにより，探知能力が異なります。レーダーの探知能力を過信したり，安易に偽像と判断するべきではありません。

★マグネトロン

マイクロ波を発生させる電子管ですが，マグネトロンは劣化があるため，近年のレーダーでは固体素子（半導体）を使用するようになってきています。

＜事例 5 ＞

左前方に横切り船を視認し，継続的にレーダーで方位を測定したところ，同横切り船の方位が左に変化していたので，衝突の危険がないものと判断しました。

⇩

視認できる関係船舶について，その方位変化はジャイロコンパスなどを用い，目視にて確認します。経験の浅い航海士に多くみられることですが，レーダー映像だけの判断で操船を行ってはいけません。

＜事例 6 ＞

航海当直中，突然，機関が停止し，機関室から「トラブル発生，現在，原因調査中」との連絡がありました。航海の安全には支障がない状況でしたが，機関室からの連絡がないために，数分後に機関室に状況確認の電話をしました。

⇩

この場合，機関室に電話連絡することは，原因調査を遅らせる原因となりかねません。機関室の状況を勘案し，電話連絡は必要最低限にすべきです。

＜事例 7 ＞

船尾方向からのうねりが大きくなり，オートパイロットでの保針が困難になりました。このため舵角調整や天候調整を行うことで対応しました。

⇩

オートパイロットでの保針が困難な場合は躊躇なく，手動操舵に切り替えるべきです。特に船尾方向からのうねりが大きいときは，ブローチングなどによる大傾斜を避けるためにも，手動操舵にして，操舵手に適切な指示を出す必要があります。

★ブローチング（Broaching）

うねりを船尾から受けて進むとき，船が波の傾斜前面に位置すると，舵が効かなくなり，突然方向不安定な状態となってヨーイングを起こし，一気に大きく回頭し，船体が波の谷間に横たわる現象をいいます。これは波と船の速度がほぼ等しいときに起こりやすく，転覆の危険性が高まります。

＜事例 8 ＞

自船の付近を航行する船舶を TT によって補足したところ，全ての船舶の CPA（Appendix 2.5 参照）が 1 マイルを超えていたため，衝突のおそれがないと判断しました。

⇩

CPA の距離情報のみで衝突のおそれを判断すべきではなく，必ず目視にてベアリングの変化を確認することが必要です。

＜事例 9 ＞

航海当直中に乗組員が怪我をし，出血が多いと機関部より船内電話にて連絡がありました。ただちに 118 番に電話し，海上保安庁に連絡した後，船長に報告しました。

⇩

この場合は，まず船長に報告し，船長がその緊急性を判断したのち関係機関に連絡すべきです。自身の判断で海上保安庁などとの通信を行うと，情報が混乱します。船長判断が原則です。

Appendix 2.2　JASREP・AMVER

JASREP とは，日本の船位通報制度（Japanese Ship Reporting system）の略です。船舶から現在位置や針路，速力などの通報を受けて管理し，遭遇船舶の位置の推測を可能とし，海難などが発生した場合，付近航行中の船舶を早期に検索し，救助の協力を要請することで迅速な救助を可能にする任意の相互救助システムです。

米国の AMVER（Automated Mutual-assistance Vessel Rescue system）と日本の JASREP は運用している海域が重複していることから，両方の制度に参加したい船舶はどちらか一方に通報を送れば，両制度間で情報の交換・共有が可能になります。JASREP に通報を送る際に，希望すれば，AMVER に対して情報を送信し，両方の制度へ参加することができます。

また，JASREP は気象通報とも連携を行っていて，気象通報を行っている船舶は希望により JASREP の位置通報を省略することができます。

なお，現在では，電子メールによって通報することもできます。

Appendix 2.3　相対運動表示と真運動表示

相対運動表示（図 A.2.1(a)）では，自船の位置は固定され，他船や陸地などの映像は相対速度に応じて画面上を移動します。

真運動表示（図 A.2.1(b)）では，陸地や島の映像は静止して現れ，航行中の船舶はそれぞれの真の速度に応じて移動します。

表 A.2.1 は相対運動表示と真運動表示における違いを示しています。

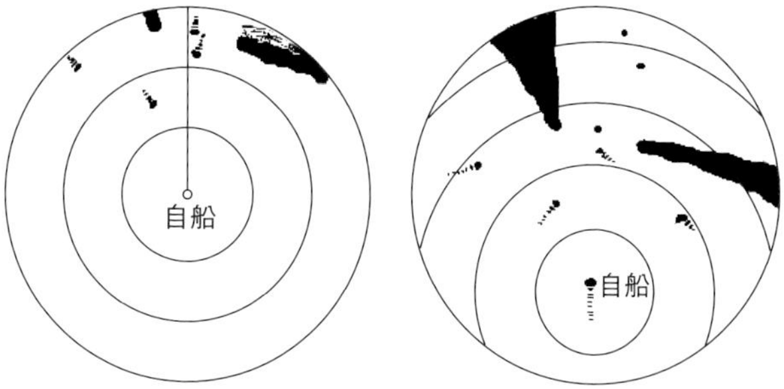

(a) 相対運動表示　　(b) 真運動表示

図 A.2.1　レーダーの運動表示

表 A.2.1　レーダーの運動表示による違い

	相対運動表示	真運動表示
停止物標（海岸線，島，ブイなど）の映像	移動して現れる	停止して現れる
海図との対比	面倒	容易
移動物標	相対速度に応じて移動	真速度に応じて移動
物標の移動停止の見分け方	容易に分からない	直ちに見分けられる
他船の真針路と速力	プロットしないと分からない	容易に分かる
他船の相対針路及び速力	直ちに見分けられる	容易に分からない
潮流・海流の測定	面倒	容易
適用時機	大洋航海中	狭水道
リセットの必要性	なし	あり
前方監視区域	一定	変化

Appendix 2.4　風圧差と流圧差

航行中に一方の舷から風を受けると，定められた針路に向きながら，次第に風下に流され，船舶の実際の進む方向（進路）と船首方向（針路）とはある角度ができます（図 A.2.2）。これを風圧差といいます。その影響が海潮流の場合は，流圧差といいます。

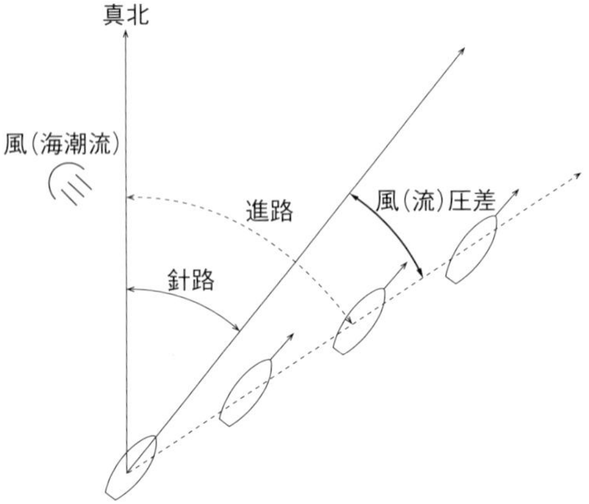

図 A.2.2　風圧差（流圧差）

Appendix 2.5　CPA ほか

レーダー観測による他船の方位・距離から，その船舶の針路・速力，そして最接近点や最接近距離などを予測することができます。これをレーダープロッティング（Radar plotting）といいます。TT ではこうした情報を自動的に表示する機能を持っています。

本船が針路 030°，速力 15k't で航行中，レーダー（相対運動表示）により他船 A の方位と距離を以下のとおり測定した場合を考えます（図 A.2.3）。

10 時 00 分　060°　8.0 マイル

10 時 06 分　058°　6.3 マイル

① 10 時 00 分及び 10 時 06 分における他船 A の位置を点 A_1，点 A_2 とします。

② 他船 A の 6 分間の動きである $\overrightarrow{A_1A_2}$（1.7 マイル）が相対ベクトルであり，60 分に換算すると相対速力 17k't になります。

③　相対ベクトルの始点 A_1 に向かって，自船の 6 分間のベクトル $\overrightarrow{PA_1}$（針路 030°，距離 1.5 マイル）を描きます。

④　そして，点 P から点 A_2 に結んだ線が他船 A の 6 分間の真ベクトル $\overrightarrow{PA_2}$（307°，1.1 マイル）になります（できた三角形を速力三角形といいます）。これによって，他船 A の真針路 307°，真速力 11k't を得ることができます。

⑤　また，相対ベクトル $\overrightarrow{A_1A_2}$ を延長して，O からその延長線上に垂線を下ろした交点を点 H とします。

⑥　このとき，自船・他船 A ともに針路・速力を変えないと仮定した場合に，他船 A が自船に最接近する点 H が，すなわち CPA であり，OH が DCPA（1.2 マイル）になります。

⑦　このとき，A_2H の距離が 6.2 マイル，相対速力が 17k't なので，他船 A が点 A_2 から点 H に到達するまでの時間は 6.2 マイル ÷ 17k't × 60 分 = 21.9 分になります。したがって，TCPA は 10 時 06 分 + 21.9 分 = 10 時 27.9 分になります。

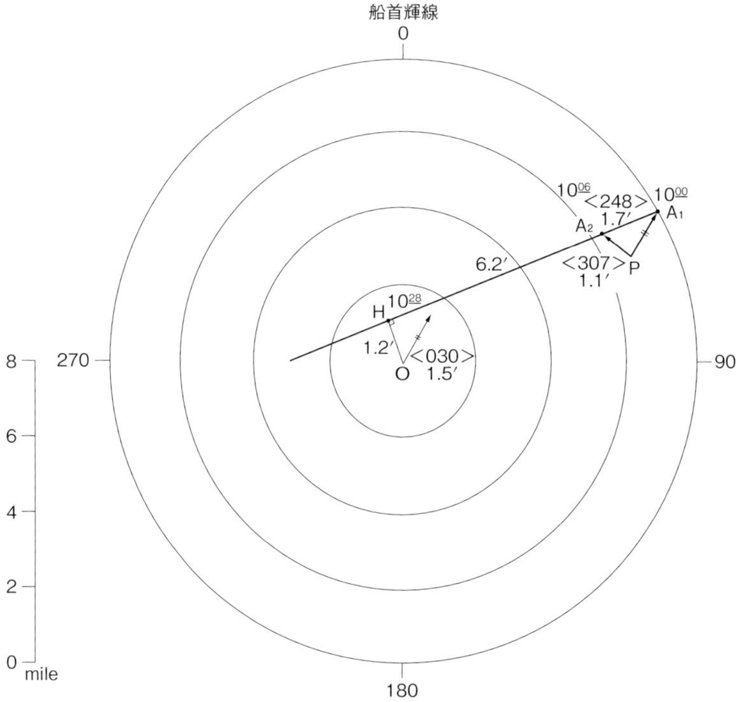

図 A.2.3　レーダープロッティングの例

Appendix 2.6　基本的な航法

①　追越し船（予防法第 13 条）

追越し船は，追い越される船舶を確実に追い越し，かつ，その船舶から十分に遠ざかるまで避航しなければなりません（図 A.2.4）。

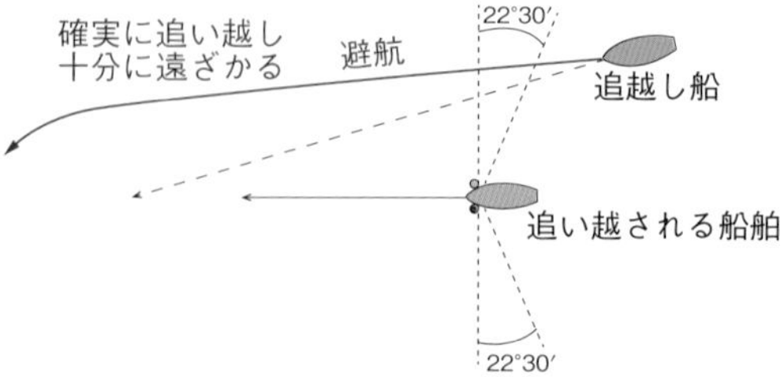

図 A.2.4　追越し船の航法

②　行会い船（予防法第 14 条）

2 隻の動力船が真向かいまたはほとんど真向かいに行き会う場合において，衝突するおそれがあるときは，互いに他の船舶の左舷側を通過するように針路を右に転じなければなりません（図 A.2.5）。

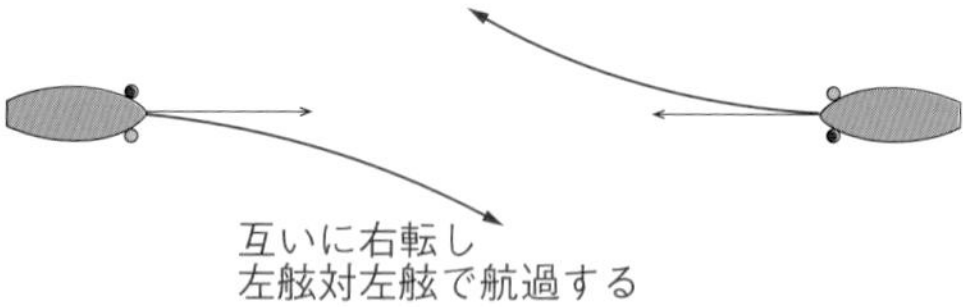

図 A.2.5　行会い船の航法

③　横切り船（予防法第 15 条）

2 隻の動力船が互いに進路を横切る場合において，衝突するおそれがあるときは，他船を右舷側に見る船舶が避航しなければなりません（図 A.2.6）。

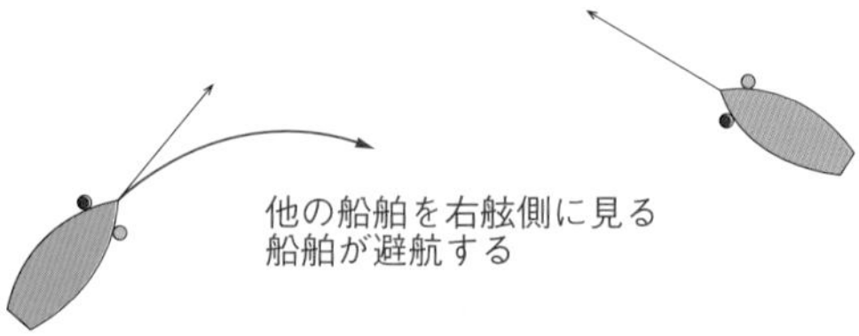

図 A.2.6　横切り船の航法

④ 「追越し船」か「横切り船」か，まぎらわしい場合

予防法では，「自船が追越し船であるかどうか確かめることのできない場合は，追越し船であると判断しなくてはならない。」と定めています。追越し船として，追い越される船舶を確実に追い越すことで，混乱を生じないようにしています。

Appendix 2.7　真風向・風速を求める

風向風速計（図 1.27）から風向（左舷 40°）・風速（30k't）を観測した場合，真風向・風速を求める場合は，図 A.2.7 に示すようなベクトル図を描くことで求めることができます。本船の針路 185° に対して左舷 40° から風速 30k't の風を受けているので，船舶の中心からベクトル（$\overrightarrow{BA}$）を引きます。このとき本船は速力 20k't で走っているとすると，B 点から船舶の針路とは反対方向に 20k't とる必要があります（$\overrightarrow{BC}$）。この C 点と船舶の中心 A 点を結んだベクトル（$\overrightarrow{CA}$）の長さが真風速，$\overrightarrow{CA}$ の方向が真風向になります。

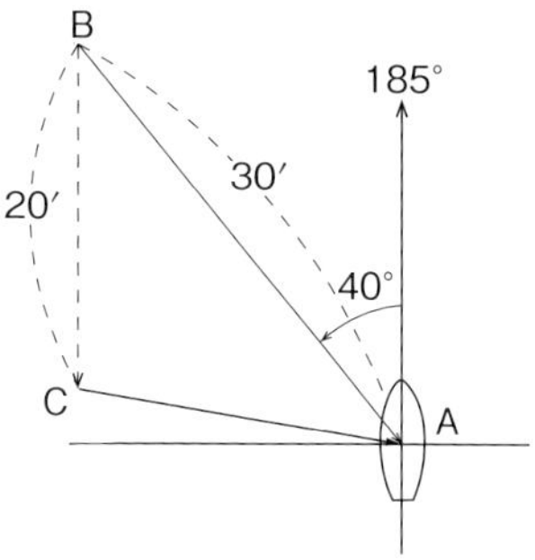

図 A.2.7　風向・風速のベクトル図

しかしながら，ベクトル図を描いて求めるのは面倒なので，一般に真風向風速計算尺を使って求めます。図 A.2.8 にその使い方を示しておきます。(a)は真風向風速計算尺の構造を示しています。方位盤（内側の円盤）の目盛 0 を船首方位と考え，針路 185° なので，方位盤（外側の円盤）の 185° に合わせます(b)。風向が左舷 40° なので，風速盤の左 40° のところに風速尺をもっていき(c)，船舶の速力 20k't を風速尺で測り(d)，円盤の中心（船舶の中心）から風速 30k't のところから船舶の針路の反対方向（針路と平行）に 20k't とった点を求めます(e)。この点と円盤の中心を結んだ長さが真風速（19.5k't）(f)，風速尺の方向が真風速（104°）になります(g)。

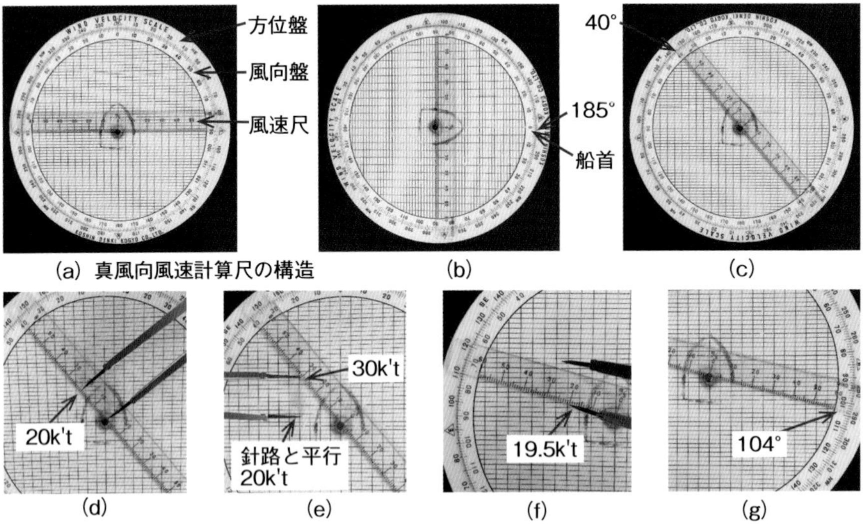

図 A.2.8　真風向風速計算尺の使い方

Appendix 2.8　気象情報

提供される情報は，日々進歩しています。気象庁のホームページなどで最新の気象情報について理解し，活用できるようにしましょう。

(1) 気象衛星雲画像

日本の気象庁は，ホームページで静止気象衛星ひまわりによって観測される画像を公開しています（図 A.2.9）。JMH でも受信することができますが，赤外画像だけで，提供頻度も 3 時間ごとと少ないのが実情です。

気象庁ホームページの 10 分ごとの気象衛星のページには「可視画像」,「赤外画像」,「水蒸気画像」があります。また，2.5 分ごとの気象衛星のページには,「可視画像」,「赤外画像」,「水蒸気画像」に加え,「雲頂強調画像」が掲載されています。地上天気図では解析できない局地的な低気圧や前線の位置などを追跡することができます。

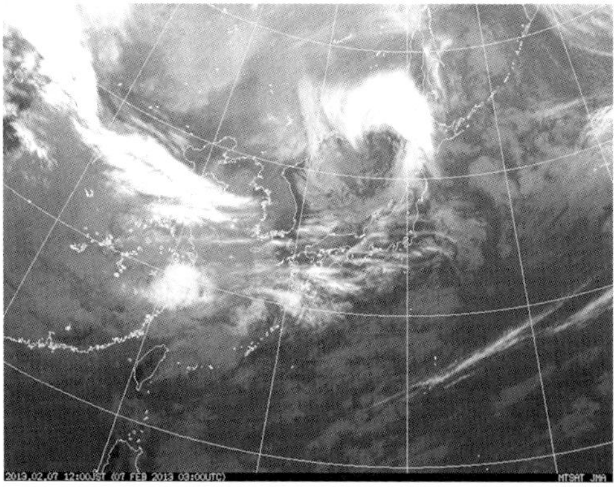

図 A.2.9　衛星雲画像
（出典：気象庁 HP（https://www.jma.go.jp/jma/menu/menuflash.html））

（2）ナウキャスト

ナウキャスト（Nowcast）（図 A.2.10）は，英語の現在 Now と，予報 Forecast を組み合わせた造語で，「数時間先までの予報」を意味します。気象庁が降水，竜巻発生確度，雷活動度の分布について，1 時間先までの予測を発表する気象予報システムで，気象レーダーやアメダス（AMeDAS：Automated Meteorological Data Acquisition System，地域気象観測システム）など，現在の気象資料などをもとに，予報を行っています。

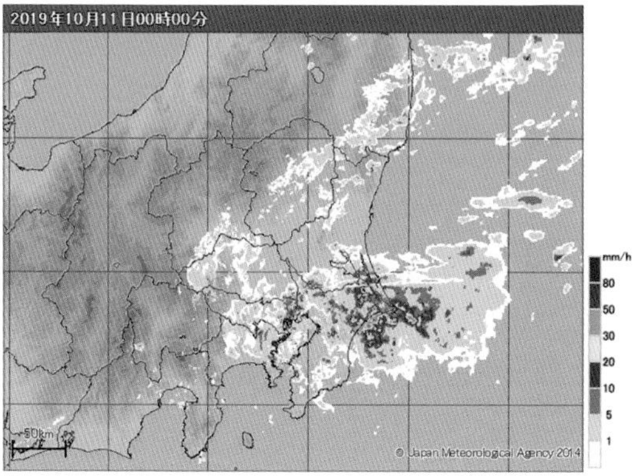

図 A.2.10　高解像度降水ナウキャスト（雲の動き）
（出典：気象庁 HP（https://www.jma.go.jp/jma/menu/menuflash.html））

(3) アメダス

アメダス（図 A.2.11）は 雨，風，雪などの気象状況を時間的，地域的に細かく監視するため，降水量，風向・風速，気温，日照時間の観測を自動的に行い，気象災害の防止・軽減に重要な役割を果たしています。現在，アメダスの降水量を観測する観測所は全国に約 1,300 箇所あり，このうち，約 840 箇所（約 21km 間隔）では風向・風速，気温，日照時間も観測しています。

気象庁などのサイトでは 1 時間ごとにアメダスのデータが更新されており，低気圧や前線の位置の推測やそれに伴う強風の予測，目的地付近の気象の変化などを知ることができます。

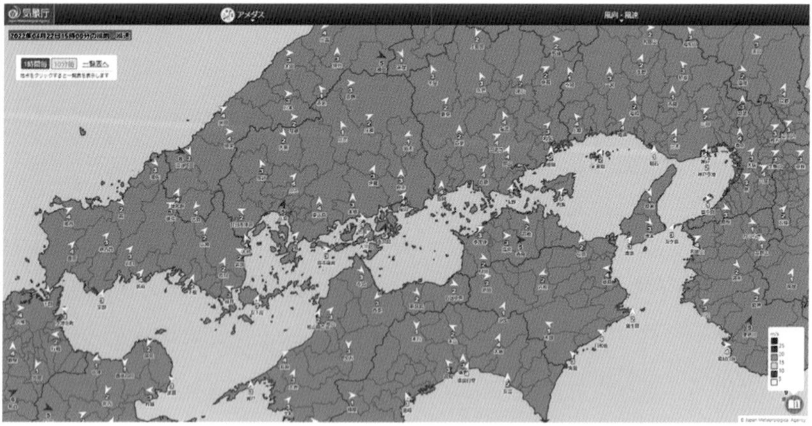

図 A.2.11　アメダス（風向・風速）
（出典：気象庁 HP（https://www.jma.go.jp/jma/menu/menuflash.html））

(4) MICS（沿岸域情報提供システム）

MICS（図 A.2.12）では，パソコンや携帯電話のインターネット，一般電話などを経由して，気象・海象状況や工事状況，定置網設置状況などの情報提供が行われています。

風向風速や波高の情報などが，30 分ごとに更新されています。特に目的地や航行予定海域付近の気象現況を確認するために利用できます。

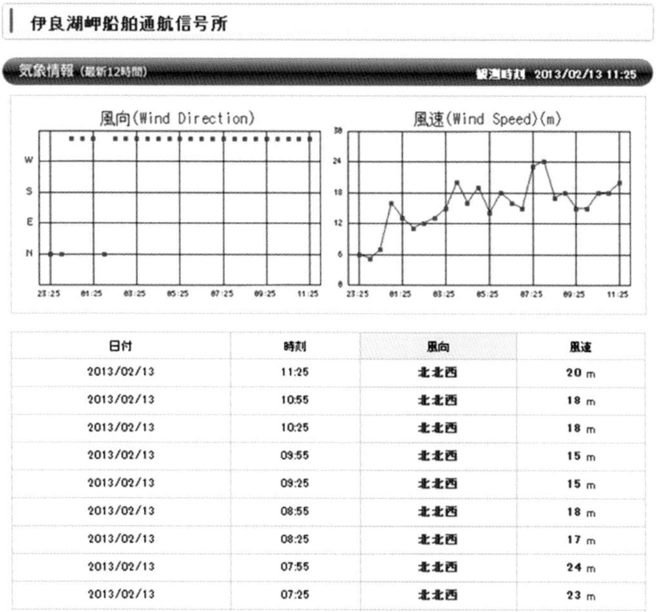

日付	時刻	風向	風速
2013/02/13	11:25	北北西	20 m
2013/02/13	10:55	北北西	18 m
2013/02/13	10:25	北北西	18 m
2013/02/13	09:55	北北西	15 m
2013/02/13	09:25	北北西	15 m
2013/02/13	08:55	北北西	18 m
2013/02/13	08:25	北北西	17 m
2013/02/13	07:55	北北西	24 m
2013/02/13	07:25	北北西	23 m

図 A.2.12　MICS による気象情報
（出典：海上保安庁 HP（https://www6.kaiho.mlit.go.jp/））

（5）NOWPHAS（全国港湾海洋波浪情報網）

NOWPHAS（図 A.2.13）では，78 観測地点（2019 年現在）で観測された波浪情報を，インターネットを通じてリアルタイムに提供しています。航行予定海域の波高や変化傾向を確認することができます。

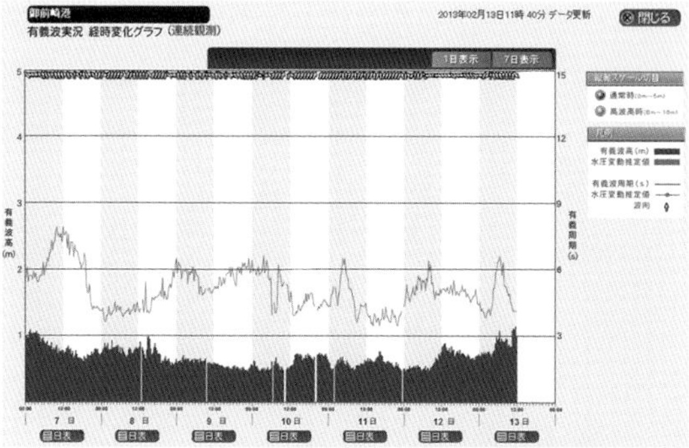

図 A.2.13　NOWPHAS による波浪情報
（出典：国土交通省 HP（https://www.mlit.go.jp/kowan/nowphas/）

Appendix 2.9　時刻改正

国や地域によって共通に使う時を標準時（Standard time）といい，標準時は協定世界時（UTC：Universal Time Coordinated）を基準にしています。地球は 1 日（24 時間）で 1 周（360 度）するので，1 時間に相当する 15 度ずつの角度で分け，それをグリニッジ天文台の位置にある本初子午線（経度 0 度 0 分 0 秒と定義された基準の子午線）から東西に向けて番号（＋1 ～＋12，－1 ～－12）を振り，標準時として定めています。例えば，UTC が 1 月 1 日の 0 時であれば，そのときの東京の標準時は 1 月 1 日の 9 時（東経 135°／15°＝9），つまり UTC ＋9 となります。一方，このときのサンフランシスコは 12 月 31 日の 16 時（UTC －8）となります。

船が西や東に太洋を航海する場合，経度に応じて船内時計を修正していかなければなりません。これを時刻改正といいます。以前は，毎日の正午位置を太陽が最も高くなるとき（正中時）の高度を測って決めるため，毎日正午頃に太陽が正中するように時刻を改正していました。しかしながら今日では，そうしたことは行わず，船が位置する経度の標準時に合わせて時刻を改正していきます。

例えば，横浜からアメリカ西海岸のサンフランシスコへ 20 ノットの客船が航海する時の時刻改正は次のようになります。

横浜からサンフランシスコまでの距離は約 4,500 マイルで，時間差は 17 時間ですが，船は東へ航行するので，日付を除いて考えると 7 時間の時差になります。というわけで，時刻改正では経度 15 度ごとに 1 時間，7 回時刻改正を行い，9 日ほどでサンフランシスコに到着することになります（図 A.2.14）。

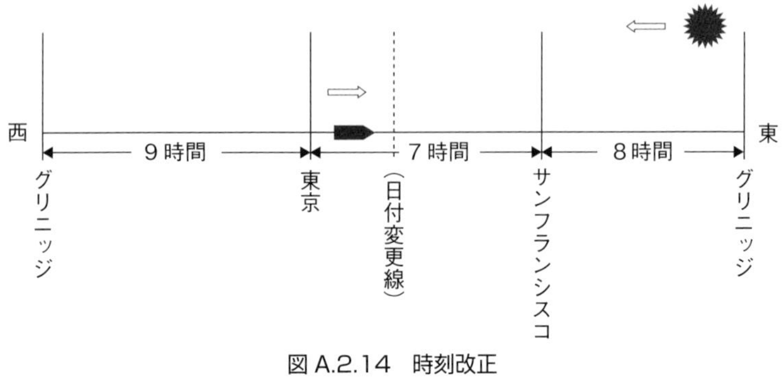

図 A.2.14　時刻改正

ただしこの場合，東経・西経 180° の線，すなわち日付変更線を通過します。この日付変更線を通過するときは，真夜中の 0 時に次のように日付を変更します。

西航（西経→東経）：日付を 1 日飛ばします。

東航（東経→西経）：同じ日を繰り返します。

なお，時刻改正の実施時間は夜の 8 ～ 0 直（3/O）で行われるのが普通です。

CHAPTER 3

入港作業

3.1 入港前準備

航海の後半，船長から具体的な入港予定時刻が周知されます。入港前準備は適切な時期までに完了し，各種チェックリスト（Check list）を添えて船長に報告しなければなりません。

ブリッジチェックリスト（Bridge check list）（表 3.1）は，各会社の SMS（Safety Management System）にしたがい記入しなければならない書類です。

入港前準備は，事前に行ってもよいもの，直前に行わなければならないものに分けられますが，甲板部とも話し合い，計画的に行わなくてはなりません。ほとんどの場合は，各船舶の慣例もしくは会社での SMS には何日前までにこの作業を行わなくてはならないという決まりが定められています。

表 3.1　ブリッジチェックリスト

＜甲板部の準備＞	☑
貨物積付状態の点検	☐
開口部の閉鎖及び点検	☐
移動物の固縛	☐
係船用機械の作動確認	☐
操舵装置の作動確認	☐
航海計器の作動確認	☐
汽笛，電話，信号灯及び指令装置の作動確認	☐
船橋と機関室の時計及びエンジンテレグラフの整合	☐
信号旗の掲揚	☐
潮汐及び日出没時などの算出	☐
海図・水路図誌・操縦性能を表す書類の準備	☐
関係書類の整備	☐
甲板部船用物品及び清水の積込み準備	☐
その他必要事項（非常電源など）	☐

★ SMS

船舶や設備が安全に操業・運航できるように船舶管理会社（船舶を持つ船主の委託を受けて，船主の代理として船舶管理業務を事業とする会社）が定めた安全管理システムです。

3.2　入港操船作業

入港操船作業は，船長が主体で行うため，船長から指示されたコールポイントで船長室に連絡します。以下の入港作業は船長入直後，船長の指示の下で行います。

船橋において主機関係・電気（発電機・バラストポンプ（Ballast pump）など）関係の起動及びそれに準じる作業を行う際は，必ずエンジンコントロールルームに連絡することが必須です。機関室で準備が整わないまま使用すると，主機トリップ，ブラックアウトのおそれが生じ，船舶を危険に晒《さら》す可能性があります。

★コールポイント（Call point）

狭水道航行や入港前など，操船が困難となりそうな場合を想定して船長を呼ぶ地点のことです。なおコールポイントは船長自らが指示します。

★主機トリップ

主機が電気的なトラブルにより危《き》急《きゅう》に停止することです。

★ブラックアウト

航海に必要な機器が全部停止してしまうことです。

（1）スタンバイエンジン（Stand by engine）

入港時の減速に向けて，主機の操作権をエンジンコントロールルームから船橋に移します。スタンバイのタイミングは船長が決めるものですが，操船が複雑にならないうち（港内に接近すると航行船舶が輻輳してくる可能性が大きい）に余裕を持ってしておくとよいです。また，スラスターを装備している船舶は，スタンバイと同じようなタイミングでスラスターを起動し，作動確認をしておく必要があります。

（2）エンジンテレグラフの操作と速力の調整

スタンバイエンジン後，目的地（パイロット乗船地を含む）に向けて減速していきますが，船橋でのエンジンテレグラフ操作で減速していきます。エンジンテレグラフは，エンジンの速力を操作するだけではなく，図 3.1 に示したテレグラフでは，以下の指令を出すボタンがあります。

- 「F/ENG」（Finished with engine）：機関解除
- 「S/B」（Stand by engine）：機関準備
- 「R/UP」（Ring/Rung up engine）：機関を大洋航海の運転にせよ / 運転にした

また，レバー操作の「NAV. FULL」（Navigation full）は航海速力で，船舶が港内や湾内を出航して安全な海域に出ると「FULL」から「NAV. FULL」とし，「R/UP」ボタンを押して機関室に主機や補機などを大洋航海の運転状態にするように指令を出します。また船種によっては，機関室がこの指令を受けて，燃料を「A 重油」から「C 重油」に切り換え，主機回転数を通常の「航海速力」の回転数に整定して航行する場合もあります。

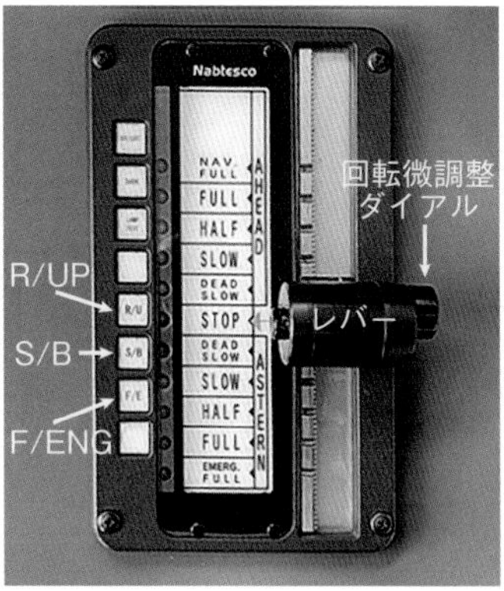

図 3.1　エンジンテレグラフ

★エンジンテレグラフの操作

- フル・アヘッド（Full ahead：前進全速）
- ハーフ・アヘッド（Half ahead：前進半速）
- スロー・アヘッド（Slow ahead：前進微速）
- デッド・スロー・アヘッド（Dead slow ahead：前進最微速）
- ストップ・エンジン（Stop engine：エンジン停止）

後進の場合は，アヘッド（Ahead）がアスターン（Astern）に置き換えられます。

★ A 重油と C 重油

船舶ではコストが安い重油（石油からガソリンや灯油の成分を取り出した残り）を使います。航海中は粘性が高い C 重油を使いますが，冷えると固まり配管が詰まるため，出入港時にはコストは高いが粘性の低く固まらない A 重油を使用しています。

3.3　パイロット乗船

内海や港周辺では，船舶が輻輳しています。また，沿岸では特有の自然条件などがあり，操船するには水域を熟知しなければなりませんが，1 人の船長が全ての海域に精通することは不可能です。そこで，船舶が輻輳する水域を航行する際や入出港の際には，その水域特有の事情を熟知しているパイロット（水先人）の助言を受けて航行します。

水域によっては，必ずパイロットを乗船させなければならない船舶の大きさが決められていて，これを強制水先区（図 3.2）といいます。

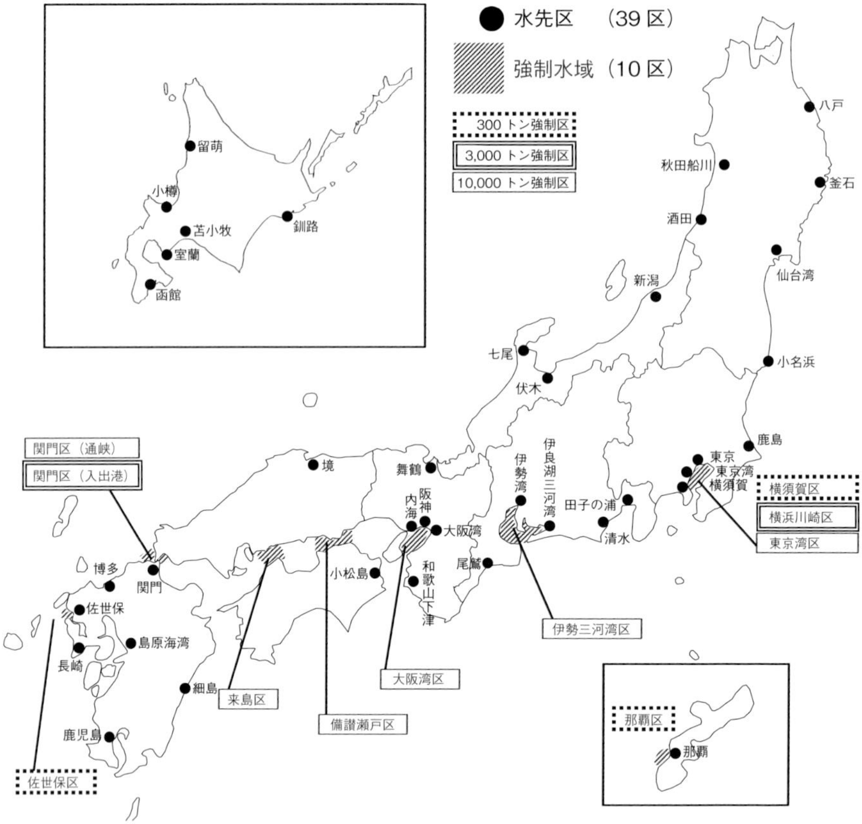

図 3.2　水先区の概要

（出典：国土交通省 HP（https://www.mlit.go.jp/kaiji/mizusaki/07/sankoushiryou3.pdf））

強制水先区では，パイロットステーション（パイロットを乗下船させるために設定された場所）から入港または強制区を過ぎるまでパイロットの助言を受けなければなりません。

(1) パイロットとの交信

パイロットステーション到着前に，VHF の 16 チャンネルを利用してパイロットと通信しなければなりません。本船から呼び出す場合が多いですが，パイロット側から呼び出してくる場合もあるため，VHF は注意深く聴いておく必要があります。その際，以下の項目を確認しておきます。

① パイロットの到着予定時刻
② 乗船舷とパイロットラダーの水面からの高さ
③ パイロットボートのコースと速力

（2）パイロットラダーの準備

パイロットが，乗船するときに使用するパイロットラダーを準備します。また，大型船の場合は図のようにパイロットラダーとアコモデーションラダー（可動式階段）（図 3.3）を組み合わせたコンビネーションラダーを用意する必要があります。

図 3.3　パイロットラダー

（3）パイロットの乗船準備の注意

船橋にいる航海士または二等航海士は，船長の許可を得て次の乗船準備を行います。

① パイロットラダーが安全であるかを十分確認し，パイロットが海に落ちないようテストしておきます。また，パイロットラダーにはマンロープ（図 3.4）を付けておきます。
② 夜間のパイロット乗下船がある場合は，適当な照明を用意します。
③ パイロットのための揚《あげ》荷《に》用ロープを用意しておきます。

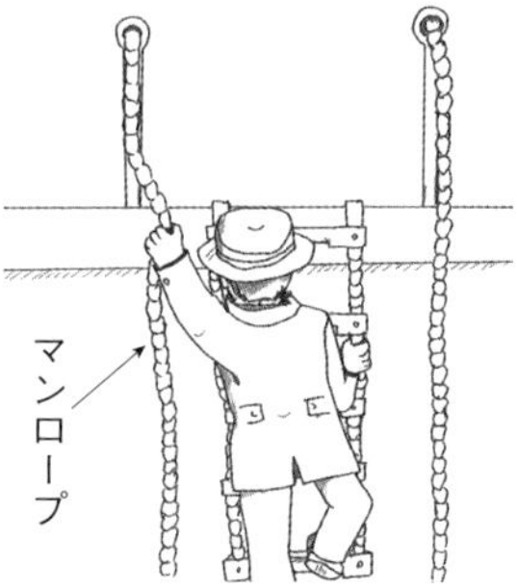

図 3.4　マンロープ

(4) パイロットカード

船橋での準備としては，パイロットカード（Pilot card）（図3.5）を用意しておきます。パイロットカードとは，本船の操船に必要な基本情報（喫水，全長と全幅，操縦性，旋回性などを示すもの）をひとまとめにしたものです。パイロットが，操船する際に必要とされるので，準備しておかなければなりません。

Port: ＿＿＿＿ Date: ＿＿＿＿ Pilot's Name: ＿＿＿＿

Ship's name xxx MARU IMO No. xxxxxx Call sign xxxx

LOA xxx.x m Breadth xx.x m Built ○th.Oct.2022

GRT xxx,xxx M/T Dead weight xx,xxx M/T

Summer Displ. xxx,xxx M/T

Anchor chain: Port xx shackles Starb'd xx shackles

Distance Bridge: to bow xxx,x m , to stern xx.x m

Draught Fwd: xx.x m, Aft: xx.x m, Midship: xx.x m

Displacement: xxx,xxx M/T List x deg Port/Starb'd

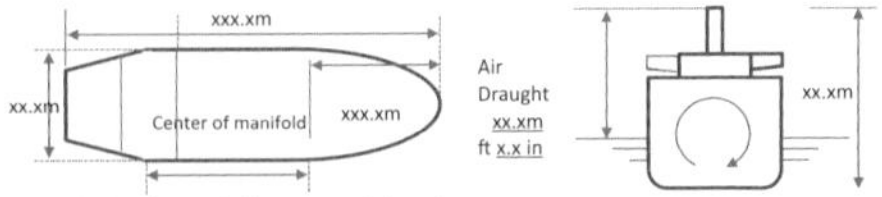

Parallel W/L: Loaded xxx.x m Ballasted xxx.x m

Type of engine Diesel Maximum power xxxxxx kw（ xxxxx HP）

Maneuvering Engine order	Rpm/pitch	Speed Loaded	Speed Ballast
Full ahead	48	11.0	11.2
Half ahead	40	9.5	9.6
Slow ahead	32	8.0	8.3
Dead slow ahead	26	5.7	5.9
Dead slow astern	26	Minimum RPM xx	
Slow astern	32	Critical RPM: N/A	
Half astern	40	Astern power xx% of ahead power	
Full astern	48		

SHIP'S READINESS
(voyage-specific data. To be filled-in for each maneuver)

Check and Confirm following tested and in readiness and in good working as applicable

Anchors, Windlass,Winch ☐	Bow/Stern Thruster ☐	GPS INSTRUMENTs ☐
M/E run ahead / astern ☐	Rudder Indicator ☐	Echo sounder ☐
Steering gear ☐	Rate of Turn ☐	Speed log ☐
Whistle ☐	ECDIS ☐	Compass System ☐
Radar/ ARPA#1 ☐	Radar/ ARPA#2 ☐	*Constant Gyro Error Nil
Radar/ ARPA#3 ☐	VHFs ☐	

図3.5 パイロットカード

(5) パイロットボート確認

本船に接近するH旗を掲げたパイロットボート（小型船）（図3.6）を確認したら，パイロットを出迎えるために船橋から降ります。

図3.6 パイロットボート

(6) パイロットが乗船したときの注意

① パイロット乗船後，船橋に合図し，H 旗を掲げます。また，Log book 記事記載のため，パイロット乗船時間を記録します。

② 出迎えの航海士は，パイロットボートが安全に離れるのを確かめてから船橋に上がります。

③ パイロットが怪我をすることがないように，天井や構造物に注意を払い，船橋に誘導します。

④ パイロットの氏名は，船橋に上がった後，操船の妨げにならないタイミングで尋ねるか，パイロットカードへのサインをお願いします。

⑤ 近年，多くのパイロットは，PPU（Portable Pilot Unit）といわれる操船支援ツールを船舶輻輳海域や離着桟時に活用しています（図 3.7）。PPU は，ノートパソコンやタブレット上に電子海図や AIS から得られる自船と他船の情報を表示します。PPU は，パイロットプラグ（AIS Pilot plug）を介して AIS からの信号を得るため，乗船後のパイロットからその位置を聞かれることが多いと思います。

図 3.7　PPU

⑥ その他の注意事項

初めて入港するところでは，パイロットボートの型，色，大きさ，標識などを聞いておけば，今後の参考になります。また，パイロットが船橋に上がった後，パイロットと船長が水域の状況，航行計画，そして入港へのアプローチについて打ち合わせを行うので，その際には，タグボートの使用計画（タグを何隻本船のどこに取り使用するか？）を記録します。そして，ブリッジチェックリスト同様，パイロットの乗船前後の実施すべき項目についてチェックリスト（表 3.2）を用意し，確実に実施するとよいでしょう。

表 3.2　パイロット乗船前後チェックリスト

＜船舶の情報の引き継ぎ＞	☑
パイロットカードは準備されているか？（のちの入港時に必要）	☐
機関の状態と，船の針路・速力	☐
操船の特性	☐
航海灯や形象物の状態	☐
計器や装置の異常・故障の有無	☐
VHF は正常に使用できているか？	☐
パイロット用の救命用具（ライフライン・ライフブイ）は，準備されているか？	☐
＜パイロットが船橋に上がった後＞	☑
錨，ホーサーなど接岸するための事前準備の情報	☐
タグを取る地点やタグとのコンタクト方法	☐
タグの形状と馬力	☐
ホーサーの数と配置，送る順番，タグボートに使用できるか？	☐
非常時にどの舷の錨を使用するか？	☐
着岸時の潮流・潮汐	☐
着岸後にどのように下船するか？	☐
＜航海に関する打ち合わせ＞	☑
航海計画について	☐
予想される輻輳や航法	☐
狭水道などの特別な操船	☐
現在の潮流，航行可能水深について	☐
加えて，潮流により航行に適さない場合について	☐
これらの項目が，船長と一等航海士立会いの下で行われていること	☐

3.4　入港部署

（1）タグボートの使用

パイロットと船長との打ち合わせ終了後，パイロット指揮の下，操船が開始されます。パイロットはタグボートに直接指示を下します。

当直者は，タグラインを取る場所を船首・船尾配置の航海士に連絡します。船舶によっては，船橋での打ち合わせで，船首・船尾配置の航海士も，パイロットのタグ使用の計画（左舷ショルダーに〇丸を取るなど）を聞いてから，配置につくことが望ましいですが，時間がない場合は，船首・尾配置後，船長の指示により 3/O がタグ使用の計画を伝えます。

船長が，設定した入港スタンバイ地点に到達したら，船内マイクで入港スタンバイの放送をかけます。作業中は場所を移動しながらの通信となるためトランシーバーを準備しておきます。各入港配置は，下記のような配置が一般的です。

船首配置は C/O と甲板員，加えて作業員など，船尾及び中央配置は 2/O と甲板長，加えて作業員などです。

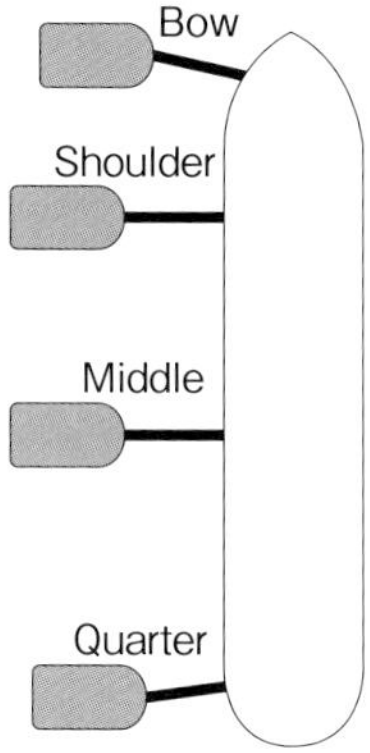

図 3.8　タグボートの配置

★タグライン

タグボートが，船舶を岸壁・桟橋に着岸・離岸させる操船の補助に使うロープやワイヤーのことです。

タグラインを本船に取る位置としては，図 3.8 に示すとおりですが，ラインを取らずに本船を押す場合は，タグボートマーク（押しても船体がへこまない部分）を押します。

（2）スタンバイ前の各部との連絡要領

① 部署発令（船首と船尾の両者を F/A と記す）

Capt.	入港（出航）配置部署につけ。 Man your station for entering (leaving) port.
F/A	こちら（おもて / とも），配置つきました。 This is (forward / aft.). Manned and ready, sir.

② トランシーバー感度確認

Capt.	こちら船橋，各配置感度いかが？ This is bridge. All stations, how do you read me?
F/A	こちら（おもて / とも），船橋から感度良好です。こちらからいかが？ This is (forward / aft.). I read you good from bridge. How do you read me from (forward / aft.) ?
Capt.	（おもて / とも）から感度良好。 I read you good from (forward / aft.).

③ タグライン

F/A	こちら（おもて / とも），タグラインを（右舷 / 左舷）（バウ / ショルダー / ミドル / クォーター）に取りました。 This is (forward / aft.). I took tug line on (starboard / port)(bow / shoulder / middle / quarter).
Capt.	（おもて / とも），タグライン全部レッコせよ。 Let go all (forward / aft.) tug lines.
F/A	こちら（おもて / とも），タグライン全部レッコしました。 Let go all (forward / aft.) tug lines, sir.

3.5 接岸作業

パイロットの助言を受けながら接岸計画どおりに岸壁へ減速しながら接近していきます。接岸直前には船長はウイングに出て指示をするので，聞き間違えのないようにはっきりした大声でアンサーバックすることが重要です。

（1）接岸時の各部との連絡要領

① 着岸方法確認

Capt.	本船（入船 / 出船）（左舷 / 右舷）係留の予定。 We will berth (heading in / heading out)(port side / starboard side) alongside. （おもて / とも），ファーストラインは（ヘッド / スプリング / スターンライン）。 (Forward / Aft.) station, first line is (head line / spring / stern line).

② 距離報告

Capt.	とも，（岸壁 / ポンツーン）エンド変わったら知らせ。 Aft station, report when you clear the (berth / pontoon) corner.

2/O	とも，（岸壁 / ポンツーン）エンド変わりました。 Aft station, report cleared the (berth / pontoon) corner. とも，防波堤を通過します（しました）。 Aft station, passing (passed) the breakwater, sir.

③ ラインを送る

Capt.	（おもて / とも），（ヘッド / スプリング / スターンライン）を送れ。 (Forward / Aft.) station, send the (head line / spring / stern line) ashore.
F/A	こちら（おもて / とも），（ヘッド / スプリング / スターンライン）を送ります。 This is (forward / aft.), sending (head line / spring / stern line), sir. こちら（おもて / とも），（ヘッド / スプリング / スターンライン）を取りました。 This is (forward / aft.), (head line / spring / stern line) on shore, sir.

④ ラインを巻く

Capt.	（おもて / とも），（ヘッド / スプリング / スターンライン）を送れ。 (Forward / Aft.) station, send the (head line / spring / stern line) ashore.
F/A	こちら（おもて / とも），（ヘッド / スプリング / スターンライン）を送ります。 This is (forward / aft.), sending (head line / spring / stern line), sir. こちら（おもて / とも），（ヘッド / スプリング / スターンライン）を取りました。 This is (forward / aft.), (head line / spring / stern line) on shore, sir.

⑤ 位置調整

Capt.	（前方 / 後方）へ○○メートル移動する。 We will move ○○ meters (ahead / astern). 本船この位置。 We are in position.

⑥　ラインを固める

Capt.	ともおもて，ライン固めよ。 Make fast fore and aft.
F/A	こちら（おもて / とも），メークファースト終了しました。 This is (forward / aft.). All lines made fast, sir.

⑦　部署開け

Capt.	部署開け。 Dismiss the station.
F/A	部署開きます。 Dismiss, sir.

★ポンツーン（Pontoon）
　船舶を係留するための浮き桟橋です。
★ファーストライン（First line）
　係船のために最初に繰り出すラインです。
★エンド
　端のことです。
★メークファースト（Make fast）
　係船を完了させることです。

（2）ベルブックへの記載

航海日誌は当直後に記載しますが，そのための記録が必要です。通常の航海時であれば，変針や時刻改正など時間や作業を暗記しておくことができますが，出入港作業ではそうはいきません。船長を補佐する三等航海士は，テレグラフの操作，ポジションの確認，キャプテンのオーダー伝達などで，航海日誌に記載すべき内容を全て記憶しておくことは困難です。そこで使われるのがベルブック（Bell book），すなわちメモ帳です。機関の使用を × は Stop engine，⊥ は Dead slow ahead，⊤ は Dead slow astern などを記号で記入したり，パイロット乗下船時間，タグラインの取った・離した時間といった主な内容を，三等航海士が独自にメモ書きしていくものです。

なお，船長は入港後遅滞なく必要な入港手続きをします。その中にはベルブックに書いた情報も必要とされるため三等航海士はすぐに情報が出せるようにまとめておかなくてはなりません。

3.6　航海日誌（ログブック）の記入（Log book writing）

＜入港前準備＞

0800　Checked preparation for entering port by bridge checklist.

ブリッジチェックリストに則り，入港準備のチェックを行った。

0835　Prepared pilot ladder with safety rope under master's order, & Checked it good condition.

船長の指示の下，パイロットラダーを用意し，異常はなかった。

＜パイロット乗船＞

0912　Bore Yoroi Saki lighthouse on <289> 6.5' off & Irago Pilot Mr. K. Miyamoto came on board.

鎧埼灯台を 289 度方向 6.5 マイルに見る位置で伊良湖航路パイロットの宮本氏が乗船した。

★乗船時間，乗船位置のほかパイロット名も記録します。なおパイロットは必ずしも 1 人ではありません。また 1 週間近く泊まりがけで水先業務を行ったり（欧州周辺），1 つの港で 2 回以上パイロットが交代する（東京湾，スエズ運河など）場合もあります。

＜タグライン，ショアライン＞

1400　Took tug ASAHIMARU on her starboard bow. 1450 Let go all tug lines.

タグ朝日丸を右舷船首に取った。14 時 50 分全てのタグラインを離した。

1500　Sent head line to no.23 bitt at berth K-9.

本船ヘッドラインを K-9 埠頭 23 番ビットに向け送った。

★ファーストラインの記事は入港に関わる重要な記事です（用船契約によっては，ファーストラインを入港と見なし，停泊時間としてカウントする場合もあります）。

★用（傭）船

用（傭）船とは船舶を借りることで，海運会社が船主（船舶所有者）から船舶を借りる場合，海運会社を用船者といいます。

＜入港＞

1550 Made her fast to berth K-9 with her starboard side alongside & arrived at Yokkaichi. Stopped eng. & F/W eng. Dismissed tugs & pilot left her.

K-9 埠頭に右舷付けで係留，四日市港に到着した。機関停止後，機関を終了し手仕舞いした。タグボートを放ち，パイロットが下船した。

★ F/W eng. は Finished with engine の省略で，機関手仕舞いとはエンジンをクーリングダウンすることです。

CHAPTER 4

錨泊作業

4.1　事前準備

入港予定時間待ちやバース（Berth，荷役を行う港湾施設）が混んでいて入港できない場合などは，指定された錨地（Anchorage，錨を使って停泊するところ，もしくは本船で決めた錨地）で錨泊（Anchoring，錨を使って停泊すること）しなければならなりません。その場合はあらかじめ錨泊の計画を立てておく必要があります。

（1）錨地選定

目的港のマーチスから錨地の指定がある場合は指示にしたがい，指定錨地や検《けん》疫《えき》錨地に錨泊します。それ以外の場合は，以下のことを考慮し錨地を選定しなければなりません。

① 天候に左右されない錨地を選びます（風向きの変化によって強風が当たりにくい錨地を選定します）。
② 錨《びょう》鎖《さ》が寝るような適度の水深，泥や砂のような把《は》駐《ちゅう》力《りょく》のよい底質であること。
③ 自船の振れ回りを考慮して，他船との距離を十分にとります。
④ 海底電線など障害物のない海域を選びます。
⑤ その海域の特有の時期的な気象・海象を把握しておきます。

★検疫

海外から持ち込まれた，もしくは海外へ持ち出す動物・植物・食品などが，病原体や有害物質に汚染されていないかどうかを確認，検査することです。

★把駐力

錨による船を泊めるための力（抵抗力）のことをいいますが，錨鎖による抵抗力を含めて把駐力とすることもあります。なお，錨の基本性能についてはAppendix 4.1を参照してください。

★底質

海底を構成している物質のことです。

★振れ回り

錨泊すると，風を受けて船は左右への横移動を繰り返します。これを振れ回りといいます（5.4(2)参照）。

（2）錨泊法と錨鎖の伸出量

錨泊法には以下のものがあり，状況に応じて決定します（図4.1）。

① 単錨泊：風潮流の影響を受けない場合，有効です。

② 2錨泊：一方向から強い風潮流を受ける場合，有効です。

③ 双錨泊：船体の振れ回りを小さくします。

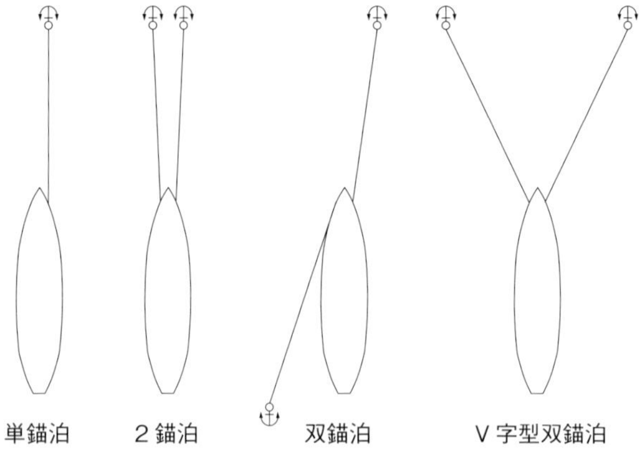

図4.1 錨泊方法

また，錨鎖（Appendix 4.2）の伸出《しんしゅつ》量を決定しなければなりません。伸出量の目安としては，経験的に次の式が用いられています。ただし，風速や波浪の高さを考慮して，適切な伸出量を決める必要があり，安全確保のためには水深に対して十分に長く繰り出すことが望ましいです。

水深 D（m）の場所での伸出量 L（m）は，以下のとおりです。

- 通　常　$3D+90$m
- 荒天時　$4D+145$m

★伸出量

海中に投下する錨鎖の長さのことです。

（3）ウインドラスの準備

ウインドラス（Windlass，揚錨《ようびょう》機）（図 4.2）は，通常ホーサーを巻く用途が圧倒的に多いため，投錨前の動作確認はしておかなくてはなりません。特に各可動部が錆《さび》などにより，スムーズに動かなくなっていないかなどは事前に確認しておく必要があります。

投錨直前には，チェーンカバー（作業者の落下防止やチェーンロッカーに水が入ることを防止するカバー）（図 4.3）やストッパー（チェーンの不慮《ふりょ》の落下を防止するもの）（図 4.4）を外して，すぐに投錨できる準備をしておく必要があります（ウインドラス周辺の構造は Appendix 4.3 参照）。

図 4.2　ウインドラス

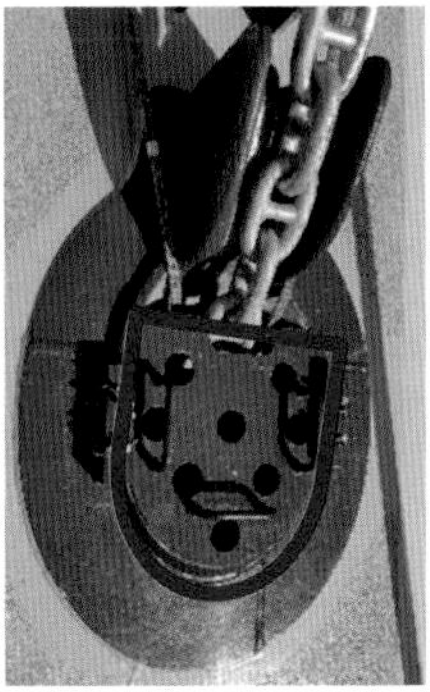

図 4.3　チェーンカバー

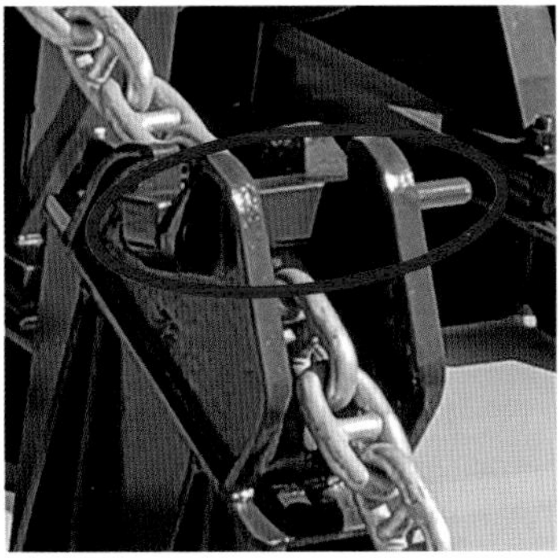

図 4.4　ストッパー

4.2　投揚錨作業

(1) 出入港前の錨作業を始める時機

錨作業を行う際には，作業をスムーズにするために，以下の事項を考慮しておかなければなりません。

① 出港の場合

出港時間に間に合うように，揚（抜）錨作業の準備に着手する時間を決定します。錨泊の場合は錨泊の状態，錨鎖の長さ，ウインドラスの巻き揚げ能力，機関試運転の開始及び所要時間などを考慮に入れて着手する時間が決定されます。通常は出港前 30 分ぐらいです。

② 入港の場合

入港前に投錨作業の準備に着手する時間は，錨の収納状態，作業の手順や方法などによって，要する時間が異なるので一様には決められませんが，いかなる場合においても船が港口付近に達する前には，全作業が終わるように計画されなければなりません。投錨作業の準備は大体 30 分以内で終了しますが，入港スケジュールを考慮し余裕を持って始めなければなりません。

③ 機関室との連絡

錨作業開始前には，機関室へその旨連絡します。出港前の錨作業を機関試運転と並行して行う場合は，十分に船橋と連絡のうえ，試運転による船体の動きに注意し，錨鎖，ウインドラスなどに無理な力が掛からないようにします。また，作業員に危険がないように注意し，状況によっては一時作業を中止して試運転の終了を待って行います。錨泊中の機関試運転時には，錨鎖のたるみは取っておきます。また錨鎖を洗う海水ポンプの発動は早めに機関部に手配しておきます。錨鎖の絡みなどを解くため，機関を使用する必要があるときは，船橋に連絡して実施しますが，このような場合は，船長の指揮下で行わなければなりません。

④ チェーンロッカーとの連絡

錨鎖を巻き込むときは，チェーンロッカー（Chain locker）内に人を配し，巻き込まれた錨鎖を庫内に整然と配列しなければなりません。投錨するとき及び錨鎖を走出させるときは，チェーンロッカー内の人を上げ，錨鎖の絡まりがないかを確かめてから行います。

鎖錨を巻くのに要する時間は，ウインドラスの能力，潮汐，風圧，底質などの影響で変化しますが，自船の巻き揚げ時間を把握しておくことで，入出港までの時間を計算することができます。

（2）投錨

投錨の計画は，入港前に事前に話し合わなければなりません。なお投錨法には前進投錨法と後進投錨法があります。前進投錨法は正確に素早く錨を投錨できますが，錨鎖が張りすぎると船体と接触し傷つけるおそれがあり，危急の場合以外はあまり用いられていません。そのため後進投錨法が一般的です。後進投錨法は，前進投錨法に比べると予定地点に投錨することが難しいですが，エンジン停止後ゆっくり後進しながら錨鎖を張るため，船体を傷つけるおそれが少ないです。

投錨までの流れは以下のようになります。

① 錨地への接近→減速
② 投錨
③ 錨が海底を掻いたかの確認
④ 手仕舞い→錨泊へ

それでは，投錨作業の例を見てみましょう。

＜部署配置時＞　船首配置：C/O　船橋配置：3/O

Capt.　投錨用意部署につけ。
　Stand by station for anchoring.

C/O　投錨用意部署についた。
　Forward station man and ready sir.

Capt.　予定水深○m。
　Estimated water depth is ○ m.

　右（左）錨○節使用予定。
　Starboard (Port) anchor ○ shackles, in the water hold on cable.

C/O　予定水深○m，右（左）錨○節使用予定，了解。
　Estimated water depth is ○ m. Starboard (Port) anchor ○ shackles, in the water hold on chain, roger.

3/O 音響測深義を作動しました（錨地付近の水深を測定するため）。
水深○m。
Turned on echo sounder, sir. Water depth is ○ m, sir.

★ cable（ケーブル）

1マイルの10分の1を1ケーブルといいます。

＜錨地へ接近中＞

3/O 錨地○度方向，距離1マイル。
Distance to anchorage is 1 mile, bearing (to anchorage) is ○ degree.

Capt. 錨地○度方向，1マイル，了解。
Distance is 1 mile and bearing is ○ degree, roger.

C/O 錨地まで1マイル，了解。
Distance is 1 mile, forward station roger.

Capt. スタンバイスターボード（ポート）アンカー。
Stand by starboard (port) anchor.

ハーフシャックルまでゆっくり出せ。
Walk back to haft shackle.

C/O スタンバイスターボード（ポート）アンカー，サー。
Stand by starboard (port) anchor sir.

ハーフシャックルまで出した。
Haft shackle, sir.

錨地まで近付いていく（5 cable → 4 cable → 3 cable）。

エンジンを減速する（Slow ahead → Dead slow ahead → Stop engine）。

＜投錨まで＞

Capt. アスターンエンジンかける（行き脚を止めるため）。
Astern engine !

C/O 行き脚，ゆっくりのぼっています。
She have little headway, sir.

Capt. 行き脚，ゆっくりのぼっている，了解。
She have little headway slowly, roger.

C/O　行き脚，止まりました。
There is no way, sir.

Capt.　行き脚，止まった，了解。
No way, roger.

レッコーアンカー。
Let go anchor !

C/O　レッコーアンカー，サー。
Let go anchor, sir.

船首に停泊中の形象物の黒球を掲揚します。

AIS を At anchor に変更します。

★行き脚

エンジンが停止しても，それまでの勢いで走り続けることです。

＜投錨中，投錨終了＞

C/O　○節海中に入りました。チェーン止めます。
○ shackles, in the water hold on cable.

Capt.　○節海中に入った。チェーン止める，了解。
○ shackles, in the water hold on cable.

C/O　チェーン○時方向，たるんでいます（チェーン真下です）。
The cable is slack ○ o'clock, sir (up and down anchor, sir).

チェーン○時方向張ってきました。
The cable is coming tight ○ o'clock, sir.

Capt.　チェーン○時方向張ってきた，了解。
The cable is coming tight ○ o'clock.

C/O　錨が海底を掻きました。
Brought up anchor, sir.

Capt.　錨が海底を掻いた，了解。
Brought up anchor.

Capt.　手仕舞いせよ。
Make fast cable.

C/O	手仕舞い終わりました。 Made fast cable sir
Capt.	投錨部署開け。 Dismiss the station.
C/O	投錨部署開きます。 Dismiss the station, sir

★○時方向（○ o'clock）

アナログ時計の文字盤を用いた表現で，進行方向を 12 時として方位を示します。例えば船首方向から右側に 90° の方位であれば，3 時方向といいます。

★手仕舞い

後片付けのことです。

（3）抜錨

基本的な動作は投錨と変わりません。それでは，抜錨作業の例を見てみましょう。

Capt.	抜錨用意部署につけ。 Stand by station for leaving anchorage.
C/O	おもて，抜錨用意部署につきました。 Forward station man and ready, sir.
Capt.	右舷（左舷）チェーン巻き上げ準備せよ。 Stand by heave up starboard (port) cable.
C/O	右舷（左舷）チェーン巻き上げ準備，了解。 Stand by heave up starboard (port) cable, sir.
Capt.	チェーン巻け。 Heave up starboard cable.
C/O	チェーン巻きます。 Heave up starboard cable sir.
	錨鎖○時方向張っている（たるんでいる）。 The cable is tight（slack）○ o'clock, sir.
	錨鎖真下です。 Up and down anchor, sir.

Capt.	錨鎖真下，了解。 Up and down anchor.

チェーンが巻き上げられていきます（3 shackle(s) sir. → 2 shackle(s) sir. → 1 shackle sir.）。

錨の状態により巻き上げを止め（Hold on），汚れがある場合は巻き出し（Walk back）で汚れを海水で洗います。

船首に掲揚していた黒球を下します。

AIS を UW（Under way using engine）に変更します。

増速していきます（Dead slow ahead → Slow ahead → Half ahead）。

★ Up and down anchor

日本の外航商船で多く用いられる表現で，錨が立って錨鎖がホースパイプ直下に垂直となった状態で，船の航行状態と停泊地発時刻の基準となります。国際条約によって習慣が義務付けられている用語集では“Anchor is aweigh.”が用いられます。

C/O （船首）	錨が海面から出ました。 Anchor clear of the water, sir.
	錨クリアです。 Anchor clear, sir.
Capt. （船橋）	錨クリア，了解。 Anchor clear, roger.
Capt. （船橋）	手仕舞いせよ。 Make fast cable.
C/O （船首）	手仕舞いしました。 Made fast cable, sir.
Capt. （船橋）	部署開け。 Dismiss the station.
C/O （船首）	抜錨部署開きます。 Dismiss the station, sir.

★錨作業に関する号令は，Appendix 4.4 を参照してください。

4.3 航海日誌（ログブック）の記入（Log book writing）

＜投錨＞

錨要員配置，発令。

Stationed for anchor men.

右舷錨，水深 30 メートルで投錨した。神戸着。

Let go [S] anchor into 30m depth of water. Arrived at Kobe.

錨鎖 6 節でブロートアップした。錨要員解除。

Brought up anchor w/ 6s/s in the water. Dismissed the men.

検疫錨地に着き，右舷錨を投錨した。

Arrived at quarantine anchorage & let go [S] anchor.

5 節水中で錨が掻き，仮泊を開始した。

Brought up anchor w/ 5s/s in the water & com'ced temp'y anchoring.

両舷錨 4 節でブロートアップし，双錨泊した。

Brought up anchor w/ 5s/s in water on each anchor & moored both anchors.

右舷錨を 1 節入れて，ドレッジ・アンカーしながら，横づけした。

Dropped [S] anchor 1s/s in water & brought alongside w/dragged anchor.

右舷錨を入れた。水深 15 メートル。

Dropped [S] into 15m depth of water.

バース待ちのため，右舷錨を投錨。

Let go [S] anchor for waiting her berth.

★ anchor は錨マーク（⚓）でもよい。

★ブロートアップ

錨が海底を充分に捉えた状態のことをいいます。

★ドレッジ・アンカー

狭い水域で回頭する場合など，操船の補助として錨を投入し，その把駐力を利用することをいいます。

＜抜錨＞

抜錨開始。

Commenced heaving anchor.

右舷錨，引き上げ（開始）した。

Picked up starboard anchor.

右舷錨，3 節まで巻き上げた。

Hove in [S] cable to 3s/s.

右舷錨をショート・ステイ（近錨）まで巻き上げた。

Hove short stay [S] cable.

左舷錨がアップ & ダウンの状態になった。

Up & down port anchor.

絡み錨の状態。錨鎖の絡みを解いた。

Foul anchor. Cleared hawse.

抜錨完了。

Hove up anchor.

★ショート・ステイ

錨鎖が水深の 1.5 倍程度に巻き込まれた状態をいいます。

Appendix

Appendix 4.1　錨の基本性能

(1) 錨の種類

一般商船用としては日本が開発したJIS型とイギリスが開発したAC14型があり，AC14型はJIS型に比べて把駐力が大きく，高把駐力アンカーと呼ばれています（図A.4.1）。

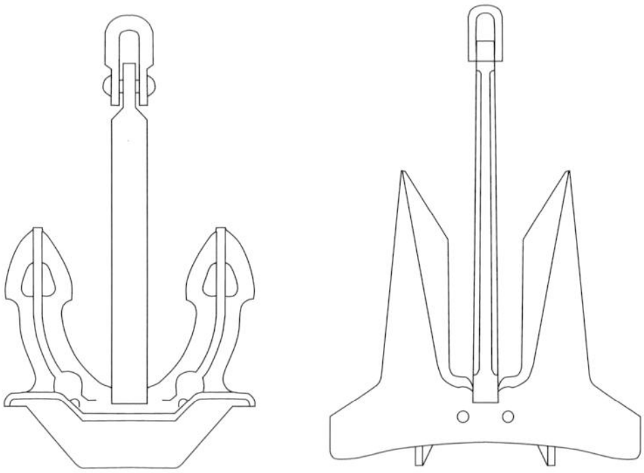

JIS型　　AC14型

図A.4.1　代表的な錨の種類

(2) 錨の把駐力

把駐力の大きさは，錨の形状（種類），大きさ（重量），底質（砂や泥など）に依存し，錨の姿勢（状態）によっても大きく変化します。また，把駐力は一般に自重に対する倍数で表し，これを把駐係数（表A.4.1）といいます。

表A.4.1　錨の標準把駐係数

錨 / 底質	JIS型	AC14型
砂	3.5	7
泥	3.0	10
走錨中	1.5	2

Appendix 4.2　錨鎖（Anchor chain/cable）

（1）構造

各船の備えるべき錨（Anchor）の重さや錨鎖の長さや径は，法律によって定められています。錨鎖の長さの単位はシャックル（Shackle，節）で，1 シャックルは 25m もしくは 27.5m です。各シャックルはジョイニング・シャックル（Joining shackle）で連結されており（図 A.4.2），錨とはアンカー・シャックル（Anchor shackle）で連結されています。

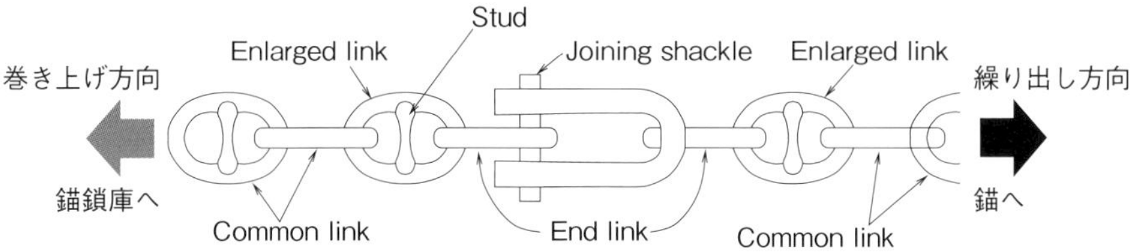

図 A.4.2　錨鎖

（2）シャックル・マーク

錨鎖には，何節海中に入れたかが分かるようにシャックル・マーク（図 A.4.3）が付けられています。コモン・リンク（Common link）のスタッド（Stud）に，布を巻きシージング・ワイヤー（Seizing wire）を巻き止め白ペイントを塗って，ジョイニング・シャックルを挟んで両側に，その節と同数の錨鎖にマークを付けます。

図 A.4.3　シャックル・マークの例

Appendix 4.3　ウインドラス周辺の構造

デッキ上の錨鎖はホースパイプを通じて錨へとつながっています。また，錨鎖はウインドラス後部からチェーンロッカーにつながっています（図A.4.4）。チェーンロッカーは，錨鎖が絡んだり，捨錨しなければならない際に，行かなくてはならないので乗船時には，どこにあるかを確認しておきます。

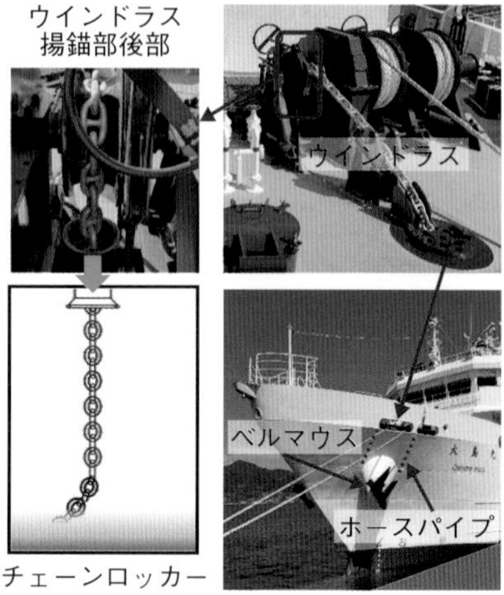

図 A.4.4　ウインドラス周辺の船体構造

Appendix 4.4　錨作業に関する号令

【ウインドラスの使用号令】

コントローラーストッパー（Controller stopper）の使用	
外す（Release）	例：ストッパーはずせ。Release the controller stopper.
掛ける（Put on）	例：ストッパー入れ。Put on the controller stopper.
クラッチ（Clutch）の使用	
接合（Engage）	クラッチ入れ。Engage the clutch.
離脱（Disengage）	クラッチはずせ。Disengage the clutch.
ブレーキ（Brake）の使用	
緩める（Loose）	ブレーキ緩め。Loose the brake.
締める（Apply）	ブレーキ締め。Apply the brake.

【錨作業号令】

日本語	英語
右舷錨（左）を（コックビルの状態にウォークバックし）いつでも投錨できるようにせよ。	Stand by starboard (port) anchor !
（ブレーキを緩め）投錨せよ。	Let go anchor !
（錨鎖が張ってきたら）伸ばせ。	Slack away (cable) !
錨鎖の伸出を止めよ。	Hold on (cable) !
3 節水の中（ホースパイプ, 甲板の上）。	3 shackle in the water !
錨が（しっかり）海底を掻きました。	Brought up anchor, sir.
（クラッチを入れ）いつでも巻けるようにせよ。	Stand by heave in cable !
揚錨を開始せよ。	Heave in chain !
立錨の状態になりました（海底を離れる状態）。	Up and down anchor, sir.
錨に何もかかっていません（ワイヤー, 漁網など）。	Clear anchor, sir.
錨が揚がりました。	Clear up anchor, sir.
錨鎖が絡んでいます。	Foul anchor, sir.
錨を納めました, 固定しました。	Made fast !

CHAPTER 5
停泊当直

5.1　航海終了後

ここでは入港直後の三等航海士の職務について，述べておきます。

（1）航海の後片付け

① 船橋の計器類は，ジャイロコンパス，GPS，AIS を除いて電源をオフにします。

ⓐ AIS は，Moored または At anchor（図 1.13）に切り替えます。

ⓑ レーダーは，岸壁係留ではオフ，錨泊中はスタンバイにします。

ⓒ コースレコーダーは，岸壁係留ではオフ，錨泊中は継続してオンにします。

ⓓ NAVTEX は，停泊中も情報収集します。

ⓔ VHF はいつ連絡が入ってもよいように，常時オンにします。

② 紙海図使用の場合

ⓐ 使用した海図から変針点間の OG（Appendix 1.5 参照）などについて記録します。

ⓑ 海図はコースラインなどを消して，海図ロッカーにしまいます。

ⓒ 海図ロッカーには番号順に規則正しく整理します。

ⓓ 次航の海図を用意します。

ⓔ 水路通報により，海図の改補ができるように準備します。

③ ECDIS を使用している場合

ⓐ 新しい改補情報の CD（DVD）がきているかを確認します。

ⓑ Update CD または BASE CD について，できる限り早くインストールし，最新の状態を維持します（1.2(13)参照）。

ⓒ 一旦電源を切ることによって，次の電源投入時に自動的にシステムチェックが開始されます。

（2）停泊状態の確認

① 着岸時

ⓐ ホーサーについて

ホーサーが均等に張られていることを確認します。特に潮汐の大きい港では，張り具合に十分注意する必要があります。

ラットガード（Rat guard，ねずみ返し）（図 5.1）が，適切に設置されているかを確認します。

図 5.1　ラットガード

ⓑ 舷梯について

- 舷梯の位置と，ビットの関係を確認します（潮汐などの関係で船体が動いた場合，舷梯が損傷するなど，最悪の場合収納できなくなるおそれがあります）。
- 安全ネット（図 5.2）の取り付けを，確実に行います。
- 夜間の照明（図 5.3）などの安全対策をチェックします。

図 5.2　安全ネット

図 5.3　舷梯の夜間照明

ⓒ デッキライト（Deck light）の点灯

夜間は，甲板上での行動の安全を確保するためや，港湾の保安レベルに応じて照明を照らしておくようにします（図 5.4）。

★ラットガード

係留中，ホーサーを伝ってねずみが侵入することを防ぐために装着します。

図 5.4 デッキライト

② 錨泊時

ⓐ 錨泊状態の確認

- 使用錨（左 or 右）と錨鎖使用節数
- 錨泊地の底質
- 周囲に錨泊する他船とその位置（レーダー映像上にプロッティングしておくことも重要ですし，必要であれば海図に転記しておくことも有効です）

ⓑ 信号の確認

- 昼間：錨泊を示す黒球（図 5.5）の掲揚
- 夜間：航海灯の消灯と錨泊灯（Anchor light；アンカーライト，錨泊船の灯火）（図 5.6）を照らし，作業灯などで甲板上を照らし，さらに港湾の保安レベルに応じて照明を照らしますが，交通の妨げになるような強い照明は避けなければなりません。

図 5.5 黒球（ブラックボール）

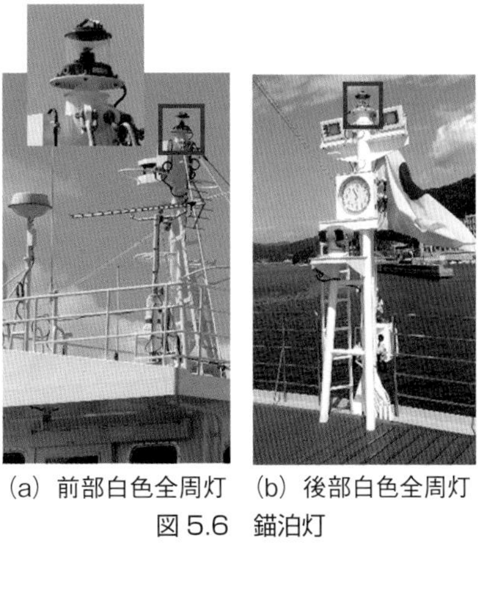

(a) 前部白色全周灯 (b) 後部白色全周灯

図 5.6 錨泊灯

(3) コンディションレポートの作成（1.3(1)参照）

① 上陸してドラフトを計測します（Appendix 1.10 参照）。

鑢泊中は，ジャコブスラダー（Jacob‘s ladder）（図 5.7）を使用して計測しますが，必ず監視者をおいて，事故のないようにします。

② タンクサウンディング（Tank sounding）を指示します（機関部の油のサウンディングも含みます）。

③ コンディションレポート（Condition report）の作成にかかります（Appendix 1.10，1.11 参照）。

★サウンディング

タンク内の液量を測深することです。

図 5.7　ジャコブスラダー

(4) 船長・一等航海士・機関長・パーサーへ以下の事項を報告

① 入港（着岸・投錨）時刻

② 錨泊位置（Anchor position；アンカーポジション，投錨したときの船首の位置）

③ コンディション

(5) ログブック記入事項の確認

スタンバイ記事を書くためには，以下の事項の確認が必要です。

① 担当機関士と，主機使用時間の調整をします。

② 航海時間・航進時間の決定（船長に確認を取ります）。

★主機使用時間

出港のためにテレグラフを S/B にしたときから入港してテレグラフを F/ENG にするまでの時間です。

★航海時間

係留状態から次の係留状態に入るまでの時間です。岸壁係留の場合は全ての係留索を離したときから次に最初の係留策を送ったときまで，錨泊の場合は抜錨（Up and down anchor）のときから次の投錨（Let go anchor）のときまでです。

★航進時間

航海時間のうち，航進した時間です。機関を停止したり後進にかけたりといった操作の必要がなく，機関を連続して前進で使用した時間のことで，一般に出港して最初の前進をかけたとき（これ以降機関は後進・停止をしない）またはテレグラフをR/UPにしたときから，入港のためにテレグラフをS/Bもしくは最初の機関停止までの時間です。

（6）荷役の開始に関するミーティングへの参加

商船にとっては荷役が一番重要ですから，他の仕事が終わっていなくても，一等航海士から指示があれば，まず一番に参加します。

5.2　航海計画の作成

（1）概略の航海計画作成

次の航海について，船長及び会社の指示をもとに，以下の事項を考慮して概略の航海計画を作成します。

①　気象・海象

②　船体及び機関の状況

③　燃料の積載量と消費量

（2）到着予定時刻の算出

以下の事項を考慮してETA（Appendix 1.13参照）を算出します。

①　会社の指示，気象・海象，船体・機関の状況，燃料の積載量と消費量

②　会社・荷主の要請，気象・海象，航海途中の海域（狭水道航行による速力の減少など）による時間的ロス

③　入出港地などの航行制限，検疫，水先などの要否，港湾の状況

(3) 安全運航のための情報収集

以下の資料を使用して，安全運航に関する情報を収集します。

① 潮汐表，灯台表，水路通報，航行警報

② 水路誌，天気図（波浪図なども含む）

★波浪図など

気象庁では，協定世界時の 00 時（日本時間午前 9 時）及び 12 時（日本時間午後 9 時）の 1 日 2 回，北西太平洋については外洋波浪実況図（AWPN）として，日本沿岸域については沿岸波浪実況図（AWJP）として JMH などにより速報的に発表しています。また，NOWPHAS（Appendix 2.8(5)参照）などもあります。

(4) 航路の選定

以下の資料を使用して航路を選定します。

① 航路誌，航路指定，距離表

② 自船の操縦性能・喫水

③ 自船の堪航《たんこう》性，自身及び乗組員の航海経験

④ 会社，用船《ようせん》者，代理店からの情報

ⓐ 大洋航海の場合は，以下の事項を考慮します。

- 航程と本船速力
- 航続可能距離（燃料，潤滑油，清水，食料など）
- 航海途中における補給の要否
- 満載喫水（Appendix 1.10 参照）と航行可能海域
- 気象・海象

ⓑ 沿岸航海の場合は，以下の事項を考慮します。

- 離岸距離（2.5 参照）
- 水深と喫水の関係
- 分離通航方式（Traffic separation scheme）
- 多島海での可航水道
- 船舶交通の輻輳状況など

★航路誌（海上保安庁）

近海航路誌と大洋航路誌があり，主に「航路の選定」に必要な情報が掲載されています。

★航路指定

航路指定は，例えば神子元島付近，伊豆大島の北方，東京湾の入り口などに定められており，あくまでも義務ではなく，推薦航路として定められてる航路です。

★距離表（海上保安庁）

日本近海，太平洋諸島，その他世界各国の著名な各港間の距離を収録したものです。

★堪航性

船舶が，安全に航海するに堪え得る能力のことです。

★分離通航方式

航路指定の方法の１つで，通航路を設定することによって対面する交通の流れを分離して安全性を高めることを目的としたものです。

★多島海

多数の島嶼《とうしょ》（大小の島々）が存在する海域のことです

（5）コースラインの設定

コースラインを設定します。

① 大洋航海

　ⓐ 小縮尺の海図に描く。

　ⓑ 大圏《たいけん》図の利用。

② 沿岸航海

　ⓐ 小縮尺の海図に描く。

　ⓑ 大縮尺の海図に転記し，以下の事項を考慮して詳細な検討を行う。

- 沿岸航海における詳細検討（本船の喫水，水深及び潮汐の調査と余裕水深の確保）
- 本船が進入できない海域（No-go area，ノーゴーエリア）の設定
- ノーゴーエリアからの安全余裕（Margin of safety）確保と避険線の設定
- 離岸距離の設定
- 変針目標の選定
- 転舵開始位置の検討
- 航海の中断地点（Abort point；アボートポイント，これ以上進むと停止，進路変更，引き返しなどが困難な地点）の検討
- 非常時における避泊港及び避泊錨地の検討

- その他，コースラインに加えて，以下の位置を海図に記入します。
  機関後進テスト，S/B Eng.，船長が船橋に上がる位置，船首尾要員配置，パイロット乗船，VTS 通報など

★大圏図

地球上の 2 地点間の大圏は直線で示され，最短距離及び航路を求めるために使われます。なお，球の中心を通る平面と球面がなす円を大円と呼び，大圏とは地球における大円を指します。

★余裕水深（UKC：Under keel clearance）

船底下から海底までの間隔をいい，安全運航のためには十分な余裕を確保する必要があります。

★転舵開始位置（Wheel over point）

変針後のコースラインに乗るために舵を切る位置のことで，狭水道などの航行において必要になります。

★ VTS

VTS（Vessel Traffic Services，船舶通航支援等業務）は，航行船舶の安全性と効率性の向上などを目的に，レーダー，AIS，VHF 無線電話などを活用し様々な情報を収集したうえで，航行船舶に対し必要な情報を提供するとともに，航行管制を実施する業務で，日本においては海上保安庁，なかでも海上交通センターが担当しています。

（6）航海計画表の作成

航海計画表（Navigation schedule）を作成します。なお，航海計画表には，以下のデータを記載します。また，航海計画表の例を表 5.1 に示します。

① 航過時刻（DATE & TIME）
② 変針点位置（目標，方位，位置）（OBJECT，B'g，Dist）
③ 針路（Co）
④ 距離（Dist）
⑤ 積算航程（Dist. Run）
⑥ 残航程（Remain）
⑦ 注意事項（REMARK）

表 5.1　航海計画表

NAVIGATION SCHEDULE

T.S　○○ MARU

Voy.No　　FROM Kobe　　TO Uchinomi

DATE & TIME	OBJECT	B'g	Dist	Co	Dist	Dist. Run	Remain	REMARK
5th Oct. 1000	Kobe Fukae					0.0	63.0	S/B　0:05
				Var	2.6			
1015	Nishinomiya B.W.West L.H.	085	0.4			2.6	60.4	AV.SPEED　10
				175	2.1			
1030	Rokko Island East Waterway No1 L't B'y	265	0.2			4.7	58.3	
				235	4.4			
1100	Kobe offing No2 L't B'y	145	0.4			9.1	53.9	
				265	7.6			
1145	Akashi kaikyo T.R. East L't B'y	175	0.3			16.7	46.3	
				304	4.2			
1210	Akashi kaikyo T.R. No2 L't B'y	214	0.3			20.9	42.1	
				268	1.5			
1220	Akashi kaikyo T.R. No1 L't B'y	178	0.3			22.4	40.6	
				248	29.2			
1515	Harima nada No2 L't B'y	158	0.5			51.6	11.4	
				255	4.9			
1545	Jizo Si L.H.	345	0.9			56.5	6.5	
				268	2.6			
1600	Ofukube Sa	358	0.5			59.1	3.9	
				323	1.8			
1610	Oki no Hanage L't B'y	053	0.3			60.9	2.1	
				015	1.2			
1615	Un SI	105	0.4			62.1	0.9	
				Var	0.9			
1625	Uchinomi					63.0	0.0	

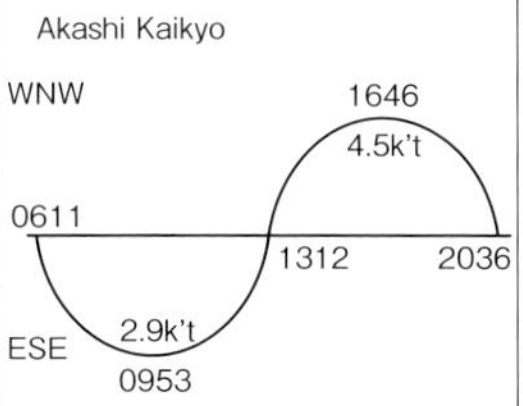

DATE	PLACE	Sunrise	Sunset	Moon age	Moonrise	Moonset	H.W.	L.W.
5th Oct.	Kobe	0556	1739	9.1	1513	0017	1748　159cm	0947　48cm
							-	-
5th Oct.	Uchinomi	0600	1742		1517	0022	0538　111cm	0238　102cm
							2020　202cm	1218　33cm

5.3　岸壁停泊の注意事項

(1) 停泊中の潮汐の確認

高潮時及び低潮時におけるホーサーの張り具合に関しては，安全性を含め，常に注意を向けておきます。

（2）周囲の係留船（特に前後の係留船）に対する注意

① 本船の前後に他船が係岸する場合

ⓐ 本船のホーサーの上に被せて他船がホーサーを取っている場合，本船が先に出港できなくなります。

ⓑ 他船のホーサーが張ったときに，本船のホーサーをはじき飛ばすことがあるので，そのときには直ちにホーサーを張り直します。

② 前後の船が離岸する場合

本船のホーサーも一緒に外されると，本船が岸壁から離れてしまうので，注意が必要です。

（3）舷門当直の厳守

関係者以外の立ち入りに十分注意しましょう。

特に海外の港では，物売り・こそ泥などの進入のおそれが多く，密航者が進入するかもしれません。

★舷門当直

舷門とは，取り付けられている舷梯の船側のところを指します。いわゆる船の玄関になります。停泊中は，舷門に当直者が立ち，本船への訪問者などの対応を行います。

（4）天候の確認

天気図，テレビの天気予報，インターネットなどを使用して，常に最新の天気を把握しておきます。

① 雨の予報がある場合は，開口部を閉鎖します。激しい雨であれば，排水口の確保も重要になります。

② 風が強まりそうな場合は，増しもやいの必要性を考えます。気象状態が悪くなってからでは，作業がさらに大変になります。何事も，早めが一番です。

★増しもやい

通常のホーサーに，さらにホーサーを増やすことで，係留力を高めます。

5.4　錨泊当直の注意事項

（1）錨泊状態に対する注意事項

① 水深を確認しておきます。水深が深くなると，錨の爪の掻き具合が変わってきます。

② 振れ止め錨を打つときのために，使用錨（Port or Starb'd）を確認しておきます。

③ 風が強くなってきたとき，船長の定めた錨泊基準に対応できるように錨鎖使用節数も確認しておきます。

★振れ止め錨

単錨泊（4.1（2）参照）の安全性を増すために，もう一方の錨を振れ止めに使用します。

（2）気象観測の重要性

① 気圧の変化

気圧情報は，天候の変化の一番のバロメーターであり，1時間ごとに観測します。

- 日変化の状態：天候変化の兆し（規則正しい日変化は天気の安定を示します）
- 気圧の下降：天候の悪化
- 大きな気圧の上昇：高気圧の張り出しを示唆するとともに，天気の回復や季節風の強まりを予見させます。

② 風の変化

錨泊時に風があると，船体は8の字を描くように左右に振れ回ります（図5.8）。

- 風向の変化：振れ周り場所の変化
- 風速の強まり：振れ周り範囲の広がり，振れ周り周期の短縮

錨鎖の伸出は，船長の定めた錨泊基準にしたがって，当直航海士の判断で早めに実施し，その後上位の航海士・船長に報告します。

躊躇しないことです。ここでも早めが一番です。

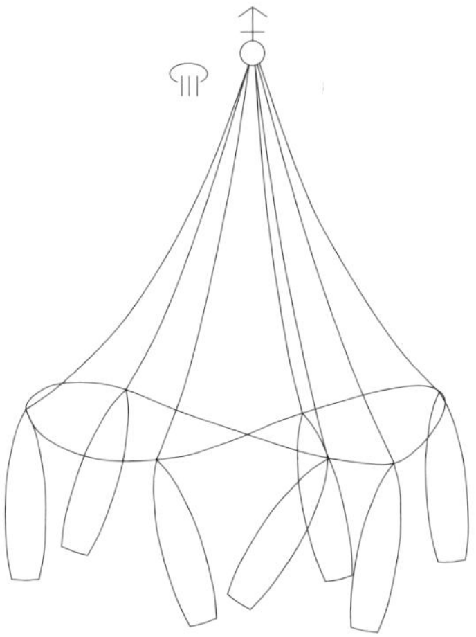

図5.8　錨泊船の振れ回り

（3）錨泊における安全対策

① 走錨のおそれ

風や波などの船体が受ける外力が，錨及び錨鎖の把駐力以上になると，錨が引きずられ船は一点に留まっていることができないようになります。これを走錨といい，錨泊中の船にとって一番おそろしい現象です。

走錨に気が付くのが遅くなれば，状況はどんどん悪くなります。

走錨のおそれを検知したら，躊躇することなく船長に報告するとともに，安全対策をとります。

② 監視による走錨の検知

ⓐ 船体の周期的な振れ周り運動が止まり，相対風向が変わらなくなったとき。

ⓑ 異常な傾斜及びショックを感じたとき。

ⓒ 錨鎖が張ったままで緩んだりしないとき。

ⓓ 船体及び錨鎖からゴトゴトといったような，やや周期的なおかしな音と振動を感じるとき。

③ 航海計器による検知

航海計器の使用は，走錨の検知に大変有効ですが，人間による監視が最も重要なのは，いうまでもありません。

計器ごとに，使用方法を確認しておきましょう。

ⓐ レーダーによる位置の確認

可変マーカーにて顕著な物標を捕らえておき，その距離から走錨を検知する方法があります（ただし警報は鳴りません）。

ⓑ GPS による走錨検知（JRC 社の GPS で紹介します）（図 5.9）

目的地離脱アラート設定機能を使用します。

［設定方法］

- 設定値を離脱にセットします。
- アラート音をオンにします。
- 離脱（到達）円半径設定画面の到達円半径を指定します。
- 自船の位置が半径外に出たときアラームが鳴ります。

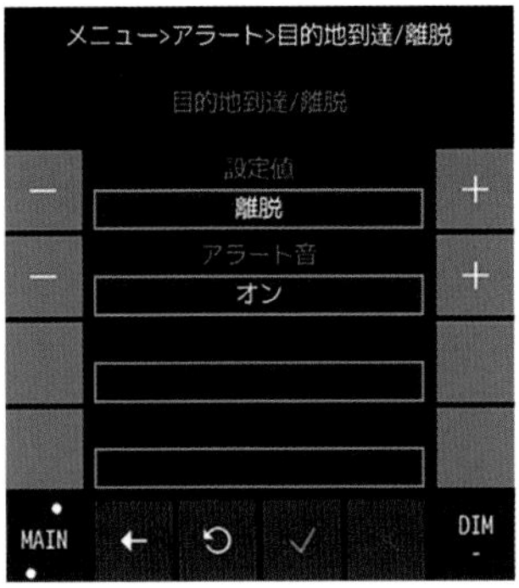

(a) 離脱アラート設定画面

(b) 離脱（到達）円半径設定画面

図 5.9　目的地離脱アラート設定画面（提供：JRC）

ⓒ　ECDIS による走錨検知（JRC 社の ECDIS で紹介します）（図 5.10, 図 5.11）

アンカーワッチ機能を使用します。

［設定方法］

- 走錨監視用の円の半径を決定し，ECDIS 画面上に走錨監視円を描画します。
- アラームの設定をオンにします。
- 船が走錨し，自船の一部がこの円の外に出たとき走錨アラームが鳴ります。

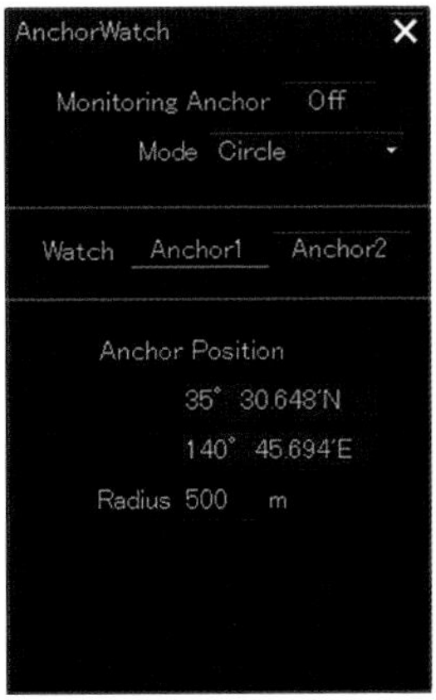

図 5.10　監視円の作成ボックス（提供：JRC）

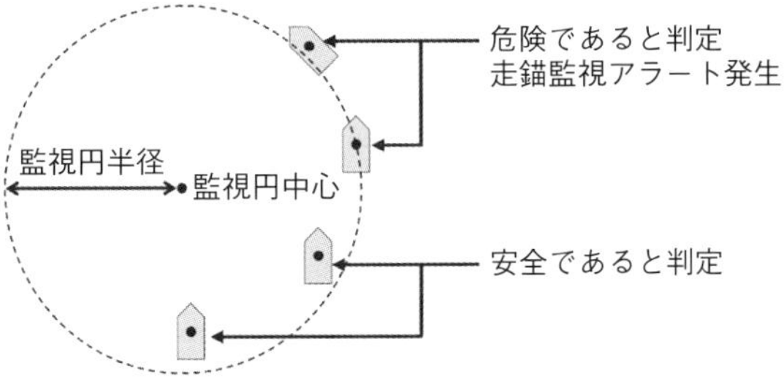

図 5.11　走錨監視円のイメージ（提供：JRC）

④ 船長のオーダーによる振れ止め錨の使用

⑤ 投下後の注意

振れ止め錨の怖いところは，主錨鎖と絡んでしまうことです。

風向の変化に注意し，大きく変われば船長に報告します。

この場合，振れ止め錨を収容して，必要であれば直ちに再度打ち直します。

船長に対して，打ち替えを進言できるくらい，自分の判断に自信を持ちましょう。

5.5 船内巡視

当直航海士及び当直部員で，定期的（一般的には1時間～2時間に1回程度）に船内巡視を行うことが重要です。

船内巡視で疑問を感じたら，直ちに上長に報告するとともに，まず自分に何ができるかを判断し，自信を持って実行することが重要です。

（1）平穏な場合の要点

① 錨位，錨鎖，ホーサーの状況

② 船内各部の火気，臭気，異常音などの有無

③ 防火・防水・救命設備の保全状況

④ 通風筒，天窓，載貨門，倉口などの開閉状況

⑤ 旗章《きしょう》，標識，停泊灯の掲揚・点灯状況

⑥ 船内作業の取り締まり及び盗難防止

⑦ 舷梯の状態及びその付近の安全対策の状況

★旗章

国旗などのことです。

（2）荒天の場合（上記に加えて以下の点に注意）

① 気象・海象の変化

② 錨位の変化

③ 船体の動揺，振れ回り及び錨鎖，ホーサー，防舷物《ぼうげんぶつ》などの状況

④ 船体の傾斜，ビルジ，排水口などの状況

⑤　移動物の固縛及び開口部の閉鎖など荒天準備の状況

⑥　積荷に対する損害防止対策の状況

⑦　暴露甲板上の整理整頓及び船員災害防止に対する準備状況

⑧　付近の停泊船の状況及び陸上からの信号の有無

⑨　緊急出港のための準備状況

★防舷物

船の舷側に取り付ける緩衝物で，岸壁に係船するときなどに，船体への損傷を防止するために使用されます。

5.6　航海日誌（ログブック）の記入（Log book writing）

0830　Commenced work, crew employed in washing fore & aft deck.

作業開始，甲板員が甲板洗いに従事した。

1130　Stopped work.

作業中断。

1300　Resumed work, crew employed in the same work as fore-noon.

作業再開，甲板員は午前の作業を再開した。

1600　Finished work.

作業終了。

M.N.　Regulation lights were strictly attended to.

船上の灯火は，全て規則どおりに点灯している。

Round made all well.

巡検異常なし。

2100　Weather became threatening. Called all hands on deck & prepared for rough weather.

荒天になってきたので，総員起こしをかけて荒天に備えた。

2300　Wind became strong, veered out port cable to 7 shackles.

風が強くなってきたので，左舷錨鎖を 7 節に伸ばした。

Let go starboard anchor to check swing, & payed out 1 shackle of chain.

振れ止めに右舷錨を投じ，錨鎖 1 節とした。

CHAPTER 6

非常時の対応

航海中に，船橋でアラームが鳴ったとき，または緊急な報告を受けた場合，当直航海士はどのように行動したらよいでしょうか。

操舵手と2人で当直に入っている航海士が，取るべき行動指針について，各種事例をもとに考えてみましょう。

まず最初に，非常呼集《こしゅう》の信号（汽笛・サイレンによる短音7回長音1回の信号）を覚えておきましょう。この信号が吹鳴されれば，乗組員・旅客は定められた集合場所（マスターステーション）に集まることになります。

船内の非常配置表（表6.1）を確認しておきましょう。

表6.1　非常配置表

非　常　配　置　表

防火部署

部署	職務，用具，分類	職名
船橋	重要書類の保全 総指揮，通信，信号 操舵	船長
火災現場 （消火）	現場，船橋連絡 消火器，送水ホース，通風遮断 たがねなどを持ち 火災現場消火作業	一航士 一機士 甲板員 または 機関員
機関室	機関運転	機関長
	雑用ポンプ操作	
客室	旅客の避難誘導	
	前部客室　上，下	
	旅客の避難誘導	
	後部客室　及び立席	
信号方法　早鐘連打　汽笛で長音5回以上連吹鳴		

防水部署

部署	職務，用具，分類	職名
船橋	重要書類の保全 総指揮，通信，信号 操舵	船長
浸水現場 （浸水）	現場，船橋連絡 水密戸などの閉鎖， 防水マット，木材ハンマーなど 防水用具，照明装置	一航士 一機士 甲板員 または 機関員
機関室	機関運転	機関長
	雑用ポンプ操作	
客室	旅客の避難誘導	
	前部客室　上，下	
	旅客の避難誘導	
	後部客室　及び立席	
信号方法　汽笛で長音2回以上連吹鳴		

総員退船部署

部署	職務，用具，分類	職名
船橋	重要書類の保全 総指揮，通信，信号 操舵	船長
上甲板	左舷救命浮器投下	一航士 一機士 甲板員 または 機関員
	船橋連絡	
	右舷救命浮器投下	
乗器甲板	旅客の乗器区分	
客室	前部旅客を右舷乗器甲板へ誘導	機関長
	救命胴衣の着用確認	
	前部旅客を左舷乗器甲板へ誘導	
	救命胴衣の着用確認	
前部旅客の搭乗浮器（1，2，3，4，5）		
前部旅客の搭乗浮器（8，9，10）		
信号方法　短音7回，長音1回		
船体放棄 　船体放棄の時期は，船長が決定 　個人の勝手な行動は，禁止 船体放棄信号 　長音連続吹鳴		

〇〇丸　　船　長

6.1 ブラックアウト（Blackout，船内電源喪失）時の当直航海士の作業

① 船橋では，一斉に様々なアラームが鳴ります。一つ一つ確認してアラームを止めます。

② 直流電源（バッテリー）でバックアップされる機器について，切り替えが実行されているか確認し，作動状況をチェックします。

直流電源でバックアップされている機器は以下のとおりです。

ⓐ ジャイロコンパス

ⓑ GMDSS

ⓒ 航海灯

ECDIS には無停電電源装置が接続されており，電源遮断の際に実行中のプログラムが自動終了するまでの一定時間，機器にダメージを与えることなく終了動作ができるように電源が供給されています。

③ 停止した航海計器，PC を使用している機器は，復旧時を考え，全て電源を切っておきます。

④ 周囲の船舶に対して自船の非常事態を知らせます（6.8 参照）。

6.2 航海計器の故障

（1）ジャイロコンパスの故障

① マグネティックコンパスを使用して操舵します。

② オートパイロットは使用できませんから，手動で操舵します（6.3 参照）。

（2）レーダーの故障

① 予備のレーダーも使用できない場合は，船長と相談して，当直者と見張員を増強します。

② 輻輳海域で視界が悪い場合は，船首やフライングブリッジなどの高いところに見張員を配置します。

★フライングブリッジ

練習船などでは，船橋の天井にあたる甲板をフライングブリッジないしコンパスデッキなどと呼びます。

（3）GPS の故障

① 大洋航海中は，天測を開始します。

② 沿岸航海中は，クロスベアリングまたはレーダーを使用した船位の確認に努めます。

③ GPS のデータ利用している ECDIS 及び AIS は推測位置の入力モードに変更します。

（4）ECDIS の故障

ECDIS には規則により，故障時に安全な航海を確保するために，適切なバックアップ装置を備えることが義務付けられており，故障しても，十分に対応ができていることが，搭載の条件になっています。

ここでいうバックアップ装置とは，もう 1 台の ECDIS またはコースラインが記入された紙海図のことです。

バックアップ装置が ECDIS である場合は，メインの ECDIS と同じ機能を持たなければなりません。

6.3　舵の故障

オートパイロットで操舵していた際に，突然警報が発生し，自動操舵が不可能になった場合は，以下の手順で対応します。

（1）船橋での対応

まずは，警報を確認し原因を特定します。

① 操舵機に関する警報の場合

オートパイロットの操舵システムは通常 2 系統が装備されています。そこで，操舵システムを No.1 から No.2 に切り替えて（図 6.1），手動操舵を確認します（図 6.2）。これで操舵ができれば，システム No.1 の故障です。

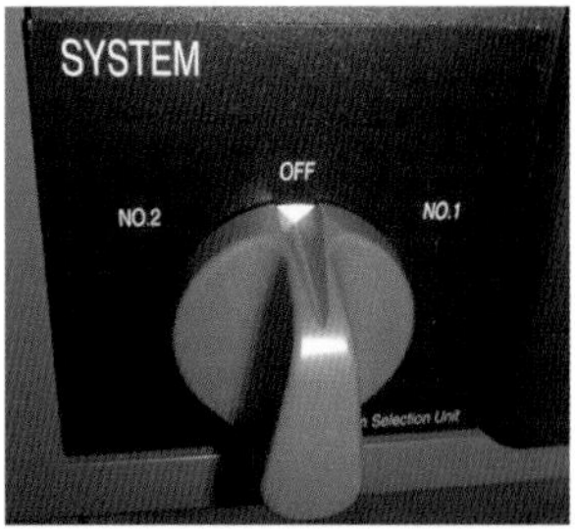

図 6.1　操舵システム系統の
切り替えスイッチ

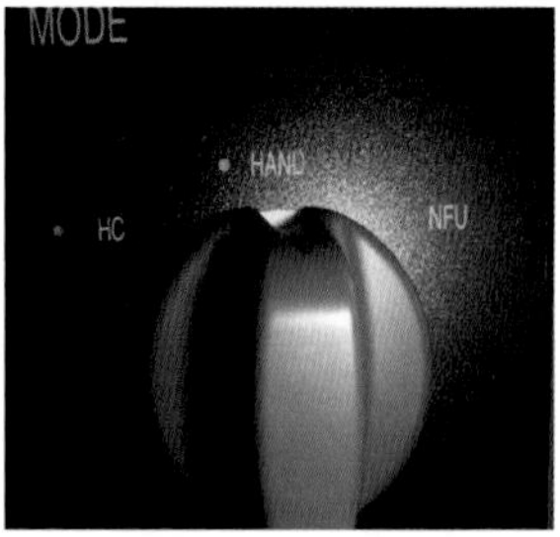

図 6.2　自動操舵・手動操舵・NFU 操舵
切り替えスイッチ

② オートパイロットのシステムに関する警報の場合

ⓐ 自動操舵から手動操舵に切り替えます。それで舵が効くようであれば，オートパイロットのシステム故障です。

ⓑ それでも操縦できない場合は，無追従（NFU）操舵に切り替えます（図 6.3）。これで操舵できなければ，船橋または操舵機室で操舵ポンプを No.2 に切り替えます（図 6.4）。

ⓒ NFU での操舵も不可能な場合は，船橋からの操舵ができないことになります。

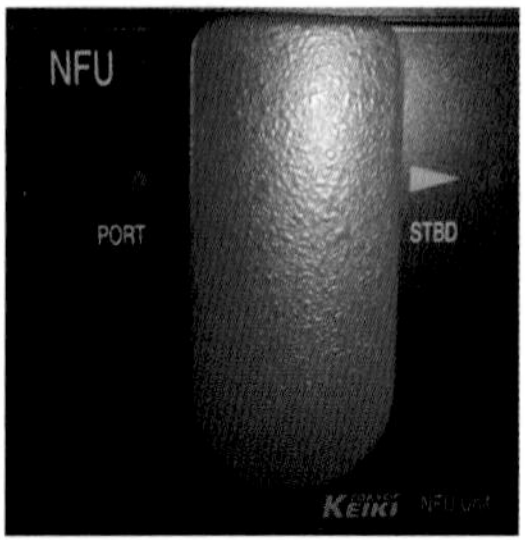

図 6.3　NFU 操舵レバー

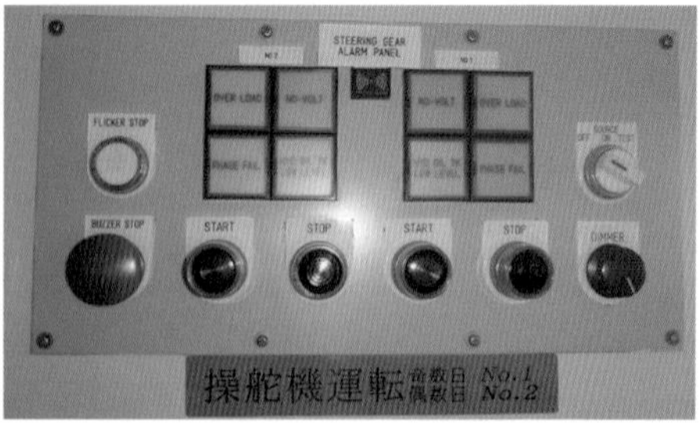

図 6.4　操舵機ポンプ切り替えパネル

（2）操舵機室での対応

NFU での操舵ができない場合，パワーユニットシステムの故障または船橋から操舵機室までの信号の遮断が考えられます。

① ポンプユニットに電源供給がある場合は，操舵機室にて電磁弁（図 6.5）を直接操作して操舵します（図 6.6）。

② ポンプユニットが動作しない場合は，手動操舵装置（ハンドポンプ）（図 6.7）を使用し操舵します。

いずれの場合も，船橋からの指示により操舵することになり，長期間の操船は不可能です。緊急錨泊など，船長の指示にしたがうことになります。

図 6.5　電磁弁

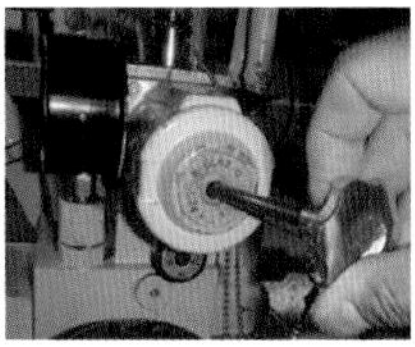

図 6.6　電磁弁操作

図 6.7　手動操舵装置

③ 周囲の船舶に対して自船の非常事態を知らせます（6.8 参照）。

6.4　火災探知機が作動した場合

① 第一に，アラームが鳴った場所がどこかを，火災警報受信器（図 1.46(a)）で確認し，アラームを停止します。

ここで，「いつもの誤動作だろう」などと，高をくくってはいけません。

② 当直の操舵手に命令して，アラームが鳴った場所について，火災の有無を調査に行かせます。

このとき，連絡手段が非常に重要ですから，必ず船内でもよく交信できるトランシーバー（図 1.39）を持参させることを忘れてはいけません。

火災警報受信器の作動が昼間の場合は，デッキ上で甲板部が作業している可能性があります。そのときは，船内マイクにて甲板長に連絡し，探知場所の確認を指示するのも 1 つの方法です。

甲板長を直接現場に向かわせた場合は，連絡手法をどのようにするか，常に決めておく必要があります。

③ 並行して，機関室に火災警報受信器の作動と探知場所について連絡し，機関のスタンバイの可能性を連絡します。

④ 探知場所の確認に行かせた操舵手，または甲板長から，火災発見の連絡があれば，当直航海士の権限で，直ちに初期消火にあたることを指示します。

非常配置表に定める防火部署発令のための信号（例：汽笛・サイレンによる

長音 5 回）を吹鳴します。

⑤　直ちに，船長が船橋に上がってくると思われます。

船長に，現在の状況を報告し，船長の指揮下に入り指示を仰ぎます。

6.5　海中転落

①　海中転落の報告を船橋で受けた場合，直ちに転落舷を確認し，その方向に舵をハードに取り，キックを利用して転落者がプロペラに巻き込まれるのを防止します。

★キック

転舵直後，船が回頭舷と反対側に船尾が押し出される現象です。

②　転落舷のウイングに設置されている救命浮環・自己発煙信号・自己点火灯（図 6.8）を海上に投下します。

そのとき，手近にある「浮く物」を，できるだけ投下するようにしましょう。

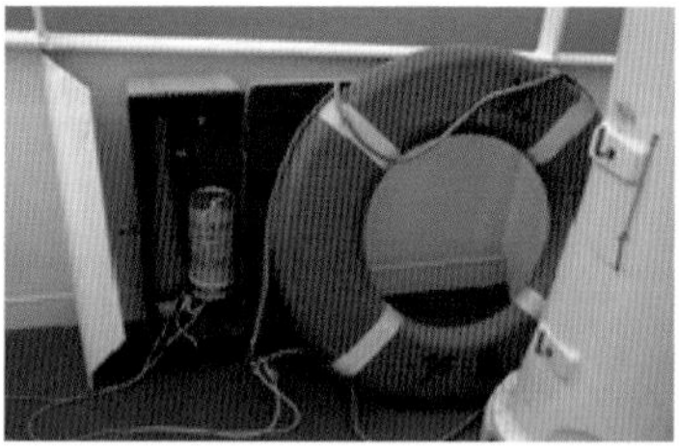

図 6.8　救命浮環と自己発煙信号

③　直ちに，GPS にて落水地点の位置（緯度・経度）をメモします。

④　ECDIS を装備している船では，ECDIS のキーボード（図 6.9）または画面上の右ツールバーにある MOB（Man Over Board, 落水警報）ボタン（図 6.10）を押します（JRC 社の ECDIS で紹介します）。

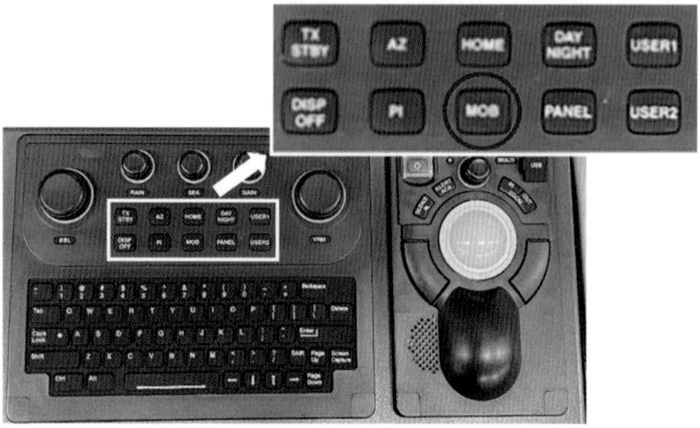

図 6.9　操作パネル上の MOB ボタン（提供：JRC）

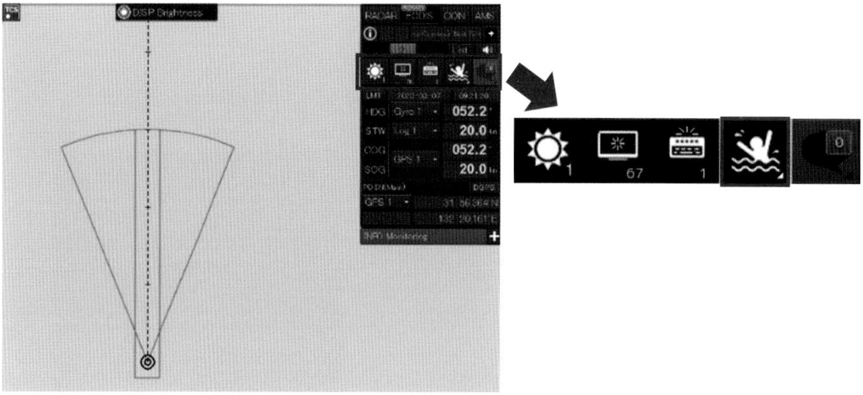

図 6.10　右ツールバーの MOB ボタン（提供：JRC）

ECDIS 上にボタンを押した地点が記録され，その地点まで方位・距離・到達時間が随時表示されます。

専用シンボルが MOB 地点としてマークされ（図 6.11），同時にマーカーダイアログ（図 6.12）が表示されます。

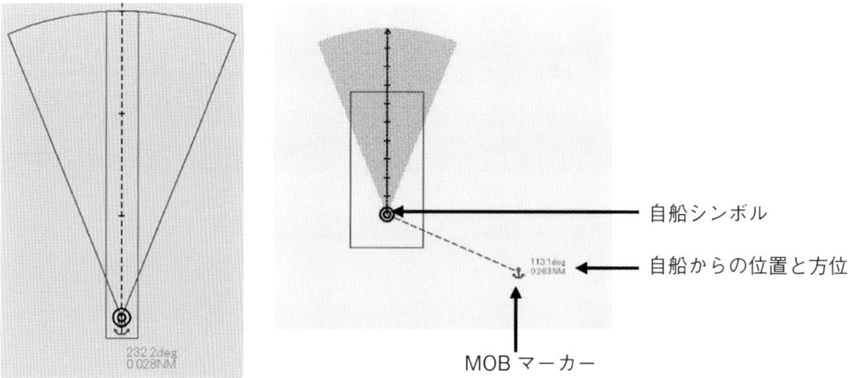

(a) MOB ボタン押下直後　　(b) 移動する自船と MOB マーカーの位置関係

図 6.11　MOB マーカー（提供：JRC）

ダイアログの表示は以下のとおりです。

ⓐ　Position（位置）：MOB マーカーの座標

ⓑ　Bearing（方位）：MOB マーカーまでの方位

ⓒ　Range（距離）：MOB マーカーまでの距離

ⓓ　距離単位切り替えボタン

ⓔ　TTG（到着予測時間）：MOB マーカーまでの時間

ⓕ　Time（経過時間）：ボタンをクリックしてからの経過時間

⑤　非常配置表に定める，救助艇部署発令のための信号（例：汽笛・サイレンによる長音 3 回）を吹鳴します。

　また，周囲に他船がいれば，国際旗りゅう信号旗「O」旗（人が海中に落ちた）を掲揚します。

⑥　落水位置の見張りを操舵手に命じ，自身も双眼鏡にて落水者の発見に努めます。

　船長が船橋に上がってきたら，現在の状況を報告し，指揮下に入ります。

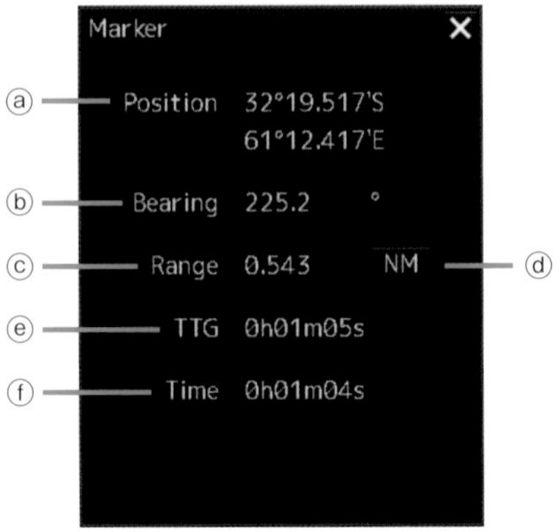

図 6.12　マーカーダイアログ
（提供：JRC）

6.6　レーダー上に連続輝点の映像を確認

①　画像上のある地点から，外側に向かって，12 個輝点が並んで表示されます。Appendix 1.8(2)で説明があるように，これは SART による信号です。

②　直ちに船長に連絡し，救助に向かいます。

6.7　遭難通信など

（1）遭難通信

①　VHF から「メーデー，メーデー，メーデー」が聞こえたら，これは遭難信号です。船舶・航空機が重大で差し迫った危機（火災・爆発・沈没）にあり，即時の救助を必要とすることを意味します。どのような周波数でも発信でき，音声無線でなされるのが特徴です。中波（MF）無線電話・DSC（2,182kHz），VHF ch16（1.2(11)参照）が一般的です。なお，この周波数は救助の支援となる通信以外は一切許されません。

② 通信方法は，遭難信号である「メーデー」が3回続き，その後に船舶名またはコールサインが3回，その後，「メーデー」と船舶名またはコールサインが繰り返されます。

その後に位置，緊急事態の種類，必要とされる救助，乗船人数といった重要な情報が話されます。以下に，例を示します。

「メーデー，メーデー，メーデー，こちらは○○丸，○○丸，○○丸，メーデー，○○丸。位置は北緯38度24分，東経143度12分。火災が発生し沈没しつつある。すぐに救助されたい。乗船人数は18名。メーデー，○○丸。オーバー。」

③ この信号を聞いたら，直ちに位置・船名を記録し，救助の種類を確認したうえで，船長に連絡し，船橋に上がってもらいます。船長が船橋に上がってきたら，記録した内容を報告し，船長の指示を仰ぎ，船長の指揮下に入ります。

（2）緊急通信

「メーデー」と似た信号に，「パン－パン」があります。「パン－パン」が3回続けて発信されると，遭難信号（メーデー）を発する一歩手前の緊急事態に陥ったことを意味します。まだ，緊急事態に陥ったわけではないので，乗組員の生命や船舶はさしあたって危険にさらされていない状況が「パン－パン」にあたります。

（3）安全通信

その他の信号に，「セキュリテ」があります。これは安全信号で，「セキュリテ」が3回続けて発信され，船舶・航空機の航行に対する重大な危険を予防するための通信です。

6.8　非常時の連絡方法

以下の要領で，周囲の船などに本船のトラブルを知らせます。

① 昼間は黒球2つ連繫，夜間であれば紅色灯火2つ連繫による，運転不自由船の表示をします（図6.13）。

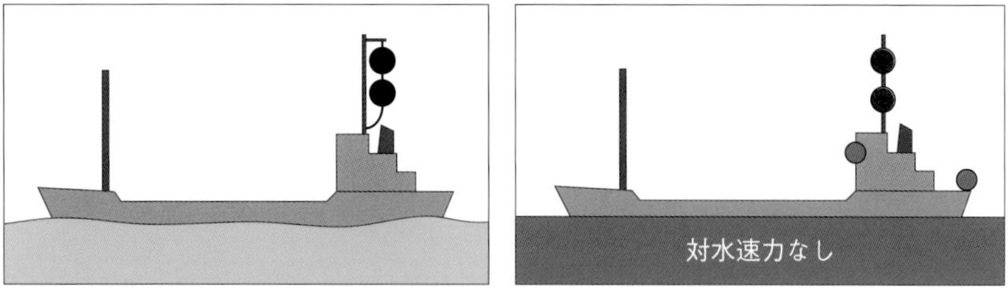

(a) 昼　間　　(b) 夜　間

図 6.13　運転不自由船の灯火・形象物

② 国際旗りゅう信号旗(2.10(2)参照)による「D」旗(私を避けよ，私は操縦が困難である)（図 6.14）を掲揚します。

③ VHF ch16 を使用して，通信を行います（6.7(1)参照)。

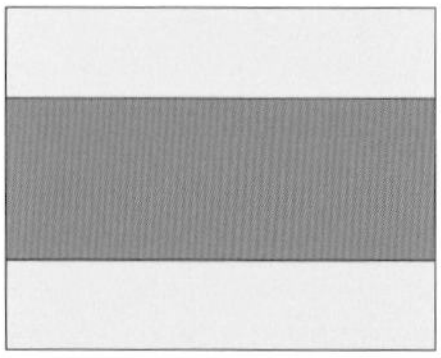

図 6.14　「D」旗

④ 海上交通安全法適用海域（Appendix 1.1 参照）を航行中であれば，VHF を使用して，マーチス（1.2(2)参照）に非常事態の連絡をします。

⑤ その他の沿岸を航行中は，VHF を使用して，各海上保安部（神戸海上保安部，広島海上保安部など），または太平洋であれば Coast Guard（アメリカ沿岸警備隊等）に非常事態を報告します。

⑥ 沿岸航行中であれば，衛星船舶電話を使用して，大洋航海中であれば，インマルサット衛星通信装置（1.2(11)参照）などを使用して，本社の安全対策室に非常事態の報告をします。

6.9　本船からの退船

非常配置表による，総員退船の信号（例：汽笛・サイレンによる長音 2 回）が吹鳴されます。

① 救命艇または救命いかだに乗り移るときは，第一に，できる限り厚着をして，頭部をカバーするものをかぶります。漂流中に一番怖いのは，体温の低下です。低体温症（Hypothermia，ハイポサーミア）と呼び，例えば 5℃以下の水温の海中に入ると，体温低下のために，人間は 30 分ほどで意識を失います。

② 船橋に配備されているSART（Appendix 1.8(2)参照）を必ず持ち出し，救命艇または救命いかだに積み込みます。総員退船部署配置には，必ずSARTを持ち出す担当者が記載されていますが，当直航海士として気を配り，忘れることのないようにすることが重要です。また，使用方法についても熟知しておきましょう。

③ もう一つ忘れてはいけない無線標識装置があります。それは，EPIRB（Appendix 1.8(2)参照）です。

本船から退船することを余儀なくされたとき，時間があれば必ずこれを取り外して，救命艇または救命いかだに積み込みます。

これにより，救助される確率は，飛躍的に向上します。

通常フライングブリッジに搭載されていますから，当直航海士が気を配り，忘れないようにすることが重要です。

6.10　航海日誌（ログブック）の記入（Log book writing）

1420 Steering eng. got out of order. Stopped eng. & started repairing systems.

操舵機が故障した。機関を停止し修理に取りかかった。

1740 Steering eng. recovered, & put eng. full ahead.

操舵機が復旧し，機関を前進にかけた。

1052 Fire broke out in galley. Stationed for fire-fighting.

ギャレー（賄室）より火災発生，総員を防火部署につけ，消火作業開始。

1147 Fire was extinguished, & dismissed the fire-fighting station.

火災は鎮火し，防火部署を解いた。

1525 Recieved the radio distress signal from a vessel in Lat. 27° 30’ N, Long. 139° 27’ E.

北緯27度30分，東経139度27分の船舶から，無線遭難信号を受信した。

Altered her course to <325> & proceeded to the assistant of the said vessel.

直ちに針路を325°として，同船の救助に向かった。

1640 Crew went out overboard in Lat. 24° 43' N, Long. 124° 17' E on her port side.

北緯24度43分，東経124度17分，左舷側から乗組員が海中に転落した。

Dropped life buoy & signal immediately.

直ちに救命浮環と信号を投下した。

Stationed for man overboard & commenced rescue work for the crew.

救助艇部署を発令，救助作業を開始した。

参考文献

CHAPTER 1・Appendix
井関貢原著・庄司和民改訂：新訂 航海計器学，海文堂出版，1977 年 3 月
若林伸和：航海計器シリーズ 3 新訂 電波計器，成山堂書店，2023 年 5 月
辻稔・航海学研究会：六訂版 航海学（上巻），成山堂書店，2018 年 8 月
長谷川健二：地文航法，海文堂出版，1977 年 4 月
航海訓練所運航技術研究会：新航海科実務，海文堂出版，1979 年 12 月
本田啓之輔原著・淺木健司著：基本運用術（二訂版），海文堂出版，2018 年 4 月
独立行政法人航海訓練所編著：航海訓練所シリーズ 読んでわかる三級航海 運用編，成山堂書店，2014 年 12 月
商船高専キャリア教育研究会編：マリタイムカレッジシリーズ はじめての船しごと，海文堂出版，2020 年 10 月
商船高専キャリア教育研究会編：マリタイムカレッジシリーズ 船舶の管理と運用，海文堂出版，2012 年 2 月
鳥羽商船高専ナビゲーション技術研究会編：航海学概論（2 訂版），成山堂書店，2017 年 4 月
商船高専海事英語研究会編：はじめての船上英会話，海文堂出版，2008 年 10 月
水島祐人編著：英文・和文 新訂 航海日誌の書き方，成山堂書店，2023 年 8 月
海上保安庁：令和 5 年 潮汐表 日本及び付近，日本水路協会，2022 年 2 月
海上保安庁 HP（https://www.kaiho.mlit.go.jp/）

CHAPTER 2・Appendix
福地章：海洋気象講座（改訂増補版），成山堂書店，1980 年 6 月
長谷川健二：地文航法，海文堂出版，1977 年 4 月
航海訓練所運航技術研究会：新航海科実務，海文堂出版，1979 年 12 月
独立行政法人航海訓練所編著：航海訓練所シリーズ 読んでわかる三級航海 航海編，成山堂書店，2014 年 7 月
商船高専キャリア教育研究会編：マリタイムカレッジシリーズ 船舶の管理と運用，海文堂出版，2012 年 2 月
井上欣三：操船の理論と実際（増補版），成山堂書店，2021 年 3 月
福井淡原著・淺木健司改訂：図説 海上衝突予防法（第 20 版），海文堂出版，2014 年 9 月
水島祐人編著：英文・和文 新訂 航海日誌の書き方，成山堂書店，2023 年 8 月
気象庁 HP（https://www.jma.go.jp/jma/index.html）
海上保安庁 HP（https://www.kaiho.mlit.go.jp/）
国土交通省 HP（https://www.mlit.go.jp/）

CHAPTER 3

独立行政法人航海訓練所編著：航海訓練所シリーズ 読んでわかる三級航海 運用編，成山堂書店，2014 年 12 月

商船高専キャリア教育研究会編:マリタイムカレッジシリーズ 船舶の管理と運用，海文堂出版，2012 年 2 月

関根博監修・日本海洋科学著：実践航海術，成山堂書店，2015 年 9 月

山縣俠一著・(財)日本船渠長協会改訂：曳船とその使用法（二訂版），成山堂書店，2003 年 12 月

商船高専海事英語研究会編：はじめての船上英会話，海文堂出版，2008 年 10 月

水島祐人編著：英文・和文 新訂 航海日誌の書き方，成山堂書店，2023 年 8 月

CHAPTER 4・Appendix

本田啓之輔原著・淺木健司著：基本運用術（二訂版），海文堂出版，2018 年 4 月

井上欣三：操船の理論と実際（増補版），成山堂書店，2021 年 3 月

独立行政法人航海訓練所編著：航海訓練所シリーズ 読んでわかる三級航海 運用編，成山堂書店，2014 年 12 月

横田利雄：新訂 船舶運用学（整備編），海文堂出版，1985 年 3 月

商船高専キャリア教育研究会編:マリタイムカレッジシリーズ 船舶の管理と運用，海文堂出版，2012 年 2 月

商船高専海事英語研究会編：はじめての船上英会話，海文堂出版，2008 年 10 月

水島祐人編著：英文・和文 新訂 航海日誌の書き方，成山堂書店，2023 年 8 月

CHAPTER 5

井上欣三：操船の理論と実際（増補版），成山堂書店，2021 年 3 月

独立行政法人航海訓練所編著：航海訓練所シリーズ 読んでわかる三級航海 航海編，成山堂書店，2014 年 7 月

水島祐人編著：英文・和文 新訂 航海日誌の書き方，成山堂書店，2023 年 8 月

海上保安庁 HP（https://www.kaiho.mlit.go.jp/）

CHAPTER 6

独立行政法人航海訓練所編著：航海訓練所シリーズ 読んでわかる三級航海 運用編，成山堂書店，2014 年 12 月

福井淡原著・淺木健司改訂：図説 海上衝突予防法（第 20 版），海文堂出版，2014 年 9 月

水島祐人編著：英文・和文 新訂 航海日誌の書き方，成山堂書店，2023 年 8 月

索　引

＜編者紹介＞
商船高専キャリア教育研究会
商船学科学生のより良きキャリアデザインを構想・研究することを目的に，2007年に結成。
富山・鳥羽・弓削・広島・大島の各商船高専に所属する教員有志が会員となって活動している。

ISBN 978-4-303-23540-6
マリタイムカレッジシリーズ
航海当直ハンドブック

2024年7月10日　初版発行

編　者　商船高専キャリア教育研究会　　検印省略
発行者　岡田雄希
発行所　海文堂出版株式会社
本　社　東京都文京区水道2-5-4（〒112-0005）
電話 03（3815）3291㈹　FAX 03（3815）3953
https://www.kaibundo.jp/
支　社　神戸市中央区元町通3-5-10（〒650-0022）

日本書籍出版協会会員・工学書協会会員・自然科学書協会会員

PRINTED IN JAPAN　　印刷　東光整版印刷／製本　誠製本